LA BIERE
C'EST PAS SORCIER

맥주는 어렵지 않아

LA BIÈRE C'EST PAS SORCIER

기렉 오베르(Guirec Aubert) 글
야니스 바루치코스(Yannis Varoutsikos) 그림
고은혜 옮김

CONTENTS

CHAPTER 1 맥주는 무엇인가?

CHAPTER 2 맥주 구입하기

CHAPTER 3 맥주 마시기

CHAPTER 4 맥주 시음하기

CHAPTER 5 맥주의 스타일

CHAPTER 6 세계의 맥주

CHAPTER 7 맥주와 요리

CHAPTER 8 덧붙이는 이야기

CHAPTER N°1

맥주는 무엇인가?

이보다 더 우리에게 익숙한 술이 있을까? 맥주는 전 세계적으로 가장 인기 있는 알코올음료이자, 모든 대륙에 존재하면서도 그 진가를 제대로 평가받지 못하는 대량소비상품에 머물러 있다. 특히 프랑스에서는 애호가들조차 맥주의 생산과정에 대해 전혀 모르는 경우가 적지 않다. 몰트(맥아)의 비밀과 홉의 특징, 발효의 신비에 대해 알아보자. 당신만의 홈메이드 맥주 양조법 또한 배울 수 있다.

맥주의 정의

맥주는 전 세계에서 가장 많이 마시는 음료 중 하나이면서,
동시에 그 가치를 제대로 평가받지 못하는 음료라는 묘한 패러독스를 보여준다.

법적 정의

맥주는 곡물을 발효시켜 얻는 음료로, 알코올을 포함한다. 흔히 맥주를 '홉의 즙'이라고 말하는데, 완전히 잘못된 말이다. 음식의 맛을 끌어올리는 향신료와 마찬가지로 홉은 조금만 사용할 뿐이다. 표면상으로는 단순해 보이지만, 구성성분에서 맥주는 정확한 법적 규정을 따른다.

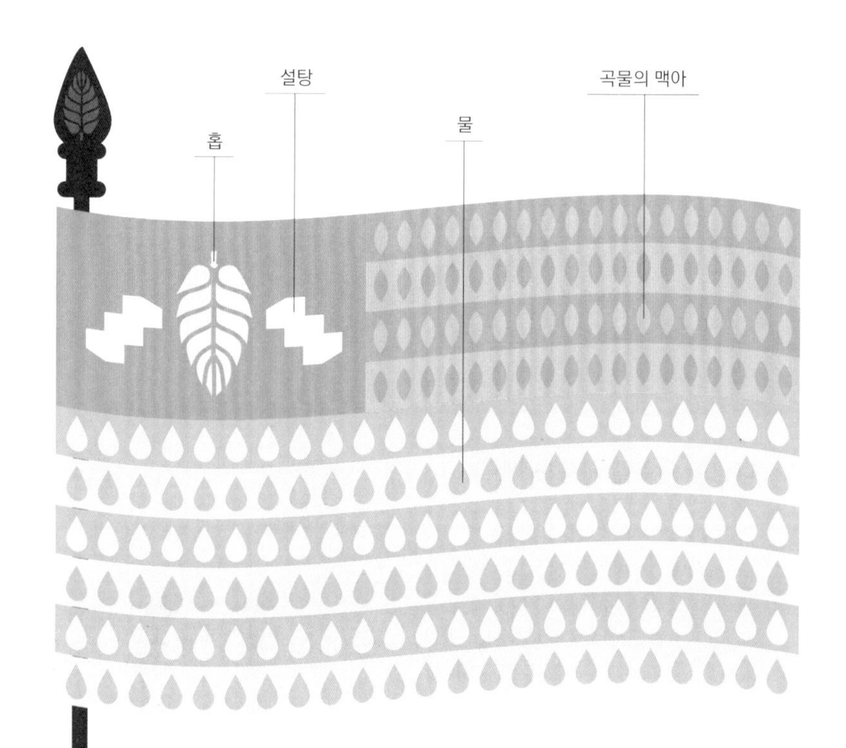

곡물의 맥아는 맥주에 사용한 건조재료 중 적어도 50%를 넘어야 한다.

목적은 공중보건

법적 정의는 자칫 단순해 보일 수 있다. 그러나 이는 소금(갈증을 일으키기 위해), 질 낮은 곡물(경제성을 이유로), 향정신성 식물(취기를 돋우기 위해)을 맥주에 넣는 등, 생산자들의 부정한 행위를 품질관리당국이 제재해온 이래로 공중보건에 대한 매우 오랜 우려를 해결하기 위한 것이다.

세계 정복을 위하여

물, 몰트(맥아), 홉, 이 세 가지 원료를 아우르는 맥주의 '유럽적' 정의는 세계 각지에서 인정받아 하나의 견고한 표본이 되었다. 안데스 지역의 치차, 러시아의 크바스, 일본의 사케 같은 옛날부터 전해온 곡식을 기본으로 만든 발효음료들이 그 명맥을 유지하고 있는 한편, 자국 맥주를 생산하지 않는 나라는 무슬림 국가들을 포함해 극소수이다. 여행과 무역, 산업화는 맥주를 확산시켰으며, 특히 필스너 스타일이 널리 퍼졌다. 19세기 보헤미아에서 개발된 필스너는 오늘날 가장 오랜 전통과 명성을 자랑하는 필스너 우르켈(Pilsner Urquell), 미국의 버드와이저(Budweiser), 중국의 칭다오(Tsingtao) 등 전 세계에 다양한 형태로 존재하고 있다.

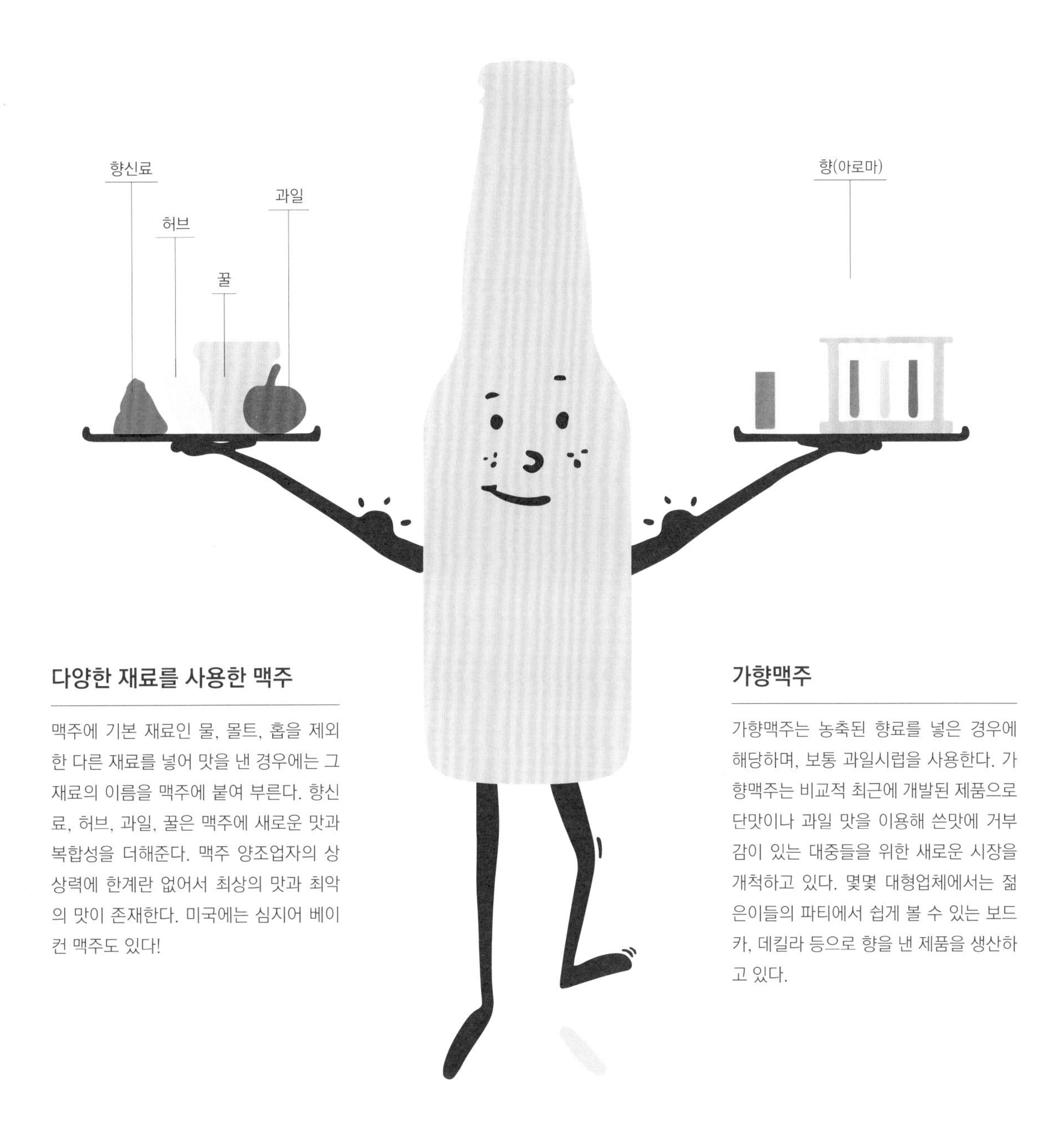

다양한 재료를 사용한 맥주

맥주에 기본 재료인 물, 몰트, 홉을 제외한 다른 재료를 넣어 맛을 낸 경우에는 그 재료의 이름을 맥주에 붙여 부른다. 향신료, 허브, 과일, 꿀은 맥주에 새로운 맛과 복합성을 더해준다. 맥주 양조업자의 상상력에 한계란 없어서 최상의 맛과 최악의 맛이 존재한다. 미국에는 심지어 베이컨 맥주도 있다!

가향맥주

가향맥주는 농축된 향료를 넣은 경우에 해당하며, 보통 과일시럽을 사용한다. 가향맥주는 비교적 최근에 개발된 제품으로 단맛이나 과일 맛을 이용해 쓴맛에 거부감이 있는 대중들을 위한 새로운 시장을 개척하고 있다. 몇몇 대형업체에서는 젊은이들의 파티에서 쉽게 볼 수 있는 보드카, 데킬라 등으로 향을 낸 제품을 생산하고 있다.

독일의 변화

유럽연합의 탄생으로 이제 독일에서도 향신료를 사용한 외국 맥주(특히 벨기에)를 마실 수 있게 되었다. 2014년까지 독일은 맥주과세법(Biersteuergesetz)을 엄격하게 적용하고 있었고, 몰트와 홉 이외의 재료가 들어간 음료는 '맥주'라는 명칭을 사용할 수 없었다. 또한 첨가물을 사용한 맥주로부터 소비자를 보호함으로써 이 규제를 따르지 않는 외국 기업과의 경쟁에서 자국 시장을 보호해왔다. 그러나 2014년 유럽사법재판소가 해당 규제를 과도하다고 판결하면서 오늘날 독일의 맥주 코너에서도 체리 괴즈를 찾아볼 수 있게 되었다.

맥주 양조업자의 작업

맥주 양조작업은 복잡하다. 기술적인 측면 외에도 사업을 빈틈없이 이끌어가야 함은 물론,
영감과 독창성을 보여줘야 하기 때문이다.

맥주 양조업자란 누구?

일부 대학에서는 학사부터 석사까지 다양한 단계의 교육을 제공하지만, 많은 맥주 양조업자들은 주로 농식품 분야에 특화된 기본적인 공학교육을 받는다. 몇 년 전부터 아마추어 양조와 소규모 양조장이 발달하면서 새로운 이력을 가진 사람들이 나타났는데, 보통 다른 분야에서 일하다가 책이나 인터넷 사이트를 통해 독학으로 공부하거나 전문 양조장에서 견습을 거쳐 직업을 바꾼 사람들이다.

맥주 양조업자의 작업

맥주 양조업자의 활동은 먼저 레시피를 개발하는 일에서부터 시작된다. 그 과정은 다음과 같다.

- 수질 조정
- 몰트와 곡물의 비율 결정
- 홉의 선별과 첨가
- 적합한 효모 선별
- 대량생산 전 실제 환경에서 소량 시험생산

레시피 개발은 양조업자의 경험, 노하우, 영감의 산물로 목표는 자기만의 스타일을 담는 것이다. 오늘날에는 컴퓨터를 이용한 정밀작업이 가능해졌고, 선택한 재료에서 나올 수 있는 맥주의 대략적인 맛을 미리 알 수도 있다.

맥주 양조만 하는 것은 아니다

맥주 양조는 작업의 핵심이다. 정확한 과정에 완벽히 숙달된 작업은 일정한 품질을 확보하기 위한 열쇠이다. 양조 단계 자체는 솔직히 말해 하루면 끝나지만, 규칙적인 관리를 동반하는 발효 진행에는 몇 주가 걸린다. 게다가 일반적인 행정업무도 처리해야 하는데, 양조업자는 보통 세관과 밀접한 관계를 맺고 있다. 양조업자는 생산한 알코올의 양을 매우 세밀하게 적은 서류를 작성하고, 이를 바탕으로 특별세와 소비세를 납부한다. 그 외에도 영업전략을 세우고 원자재 수급과 납품을 조절해야 한다.

맥주 양조의 도구

매시 패들

이 구멍 뚫린 커다란 스푼은 매시(mash), 즉 물과 몰트의 혼합물을 뒤섞는 도구이다. 전문 양조탱크는 보통 매시 패들 기능을 갖추고 있지만, 양조 장인들은 이 전통적인 도구를 쓰는 것에 자부심을 느낀다.

살균제

위생은 맥주 양조에서 모든 오염을 막기 위한 필수 요소이다. 증식시킬 수 있는 단 하나의 유기체는 양조업자가 공들여 선별해 사용하는 효모세포뿐이다. 다양한 제품을 사용하여 각 양조통을 확실하게 세척하고 살균한다.

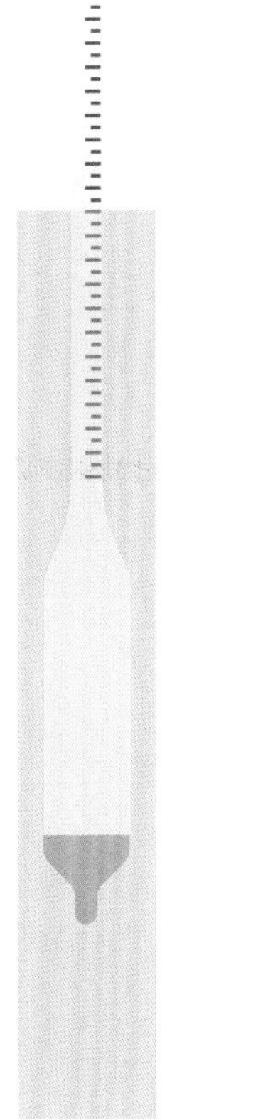

비중계

비중계는 맥아즙에 들어 있는 당분의 비율을 측정하여 플라토 스케일(Plato scale)이라는 단위로 나타낸다. 이를 통해 맥주의 알코올 함량(도수)을 가늠할 수 있다.

온도계

온도 조절은 결정적인 작용을 한다. 먼저, 매싱(mashing) 도중에 전분을 당분으로 변환시키는 효소는 62~72℃에서 활성화된다. 반면에 발효시 각 효모 균주의 최적온도 범위는 제각각 다르다.

맥주 양조 단계

맥주 20ℓ를 만들 때나, 20*hl*(1*hl*는 100ℓ)를 만들 때나
양조 방법은 언제나 동일하다.

1 분쇄

몰트를 기계식 롤러에 통과시켜 굵은 조각으로 빻는다.

2 매싱(mashing)

분쇄한 몰트와 물의 혼합물을 매시(mash)라고 한다. 이것을 64~67℃로 1시간 정도 가열한다. 이때 몰트에 들어 있는 효소가 전분과 복합당을 단순당으로 변환시킨다. 매시는 기계나 매시 패들을 이용해 계속 저어준다.

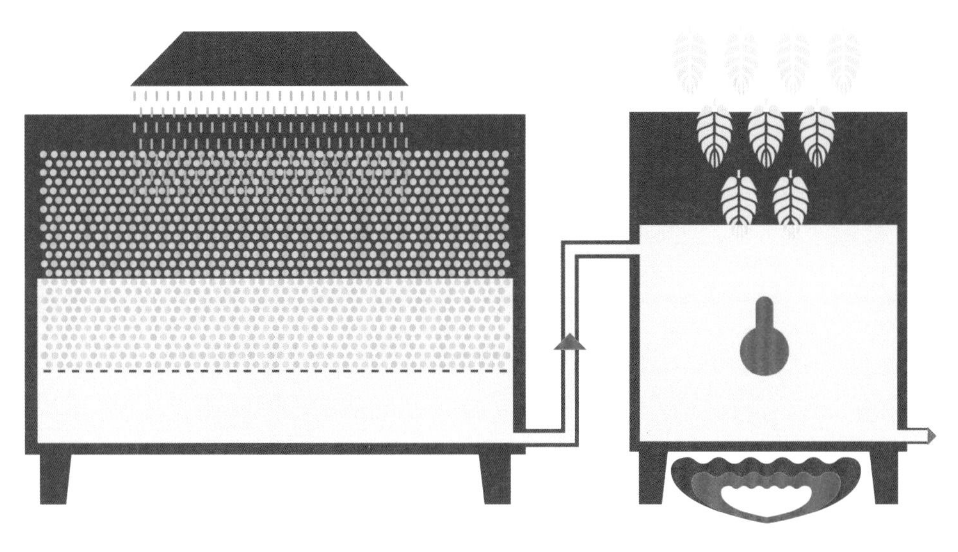

3 헹굼

몰트 껍질과 찌꺼기에 뜨거운 물을 흘려보내 나머지 당분을 추출한다. 이 과정에서 남은 찌꺼기들은 비료나 동물의 사료로 재활용된다.

4 가열

맥아즙은 새로운 탱크에 옮겨 약 1시간 동안 끓인다. 이때 홉을 첨가한다. 홉은 맥주에 쓴맛과 여러 가지 향을 더해주는 역할을 한다.

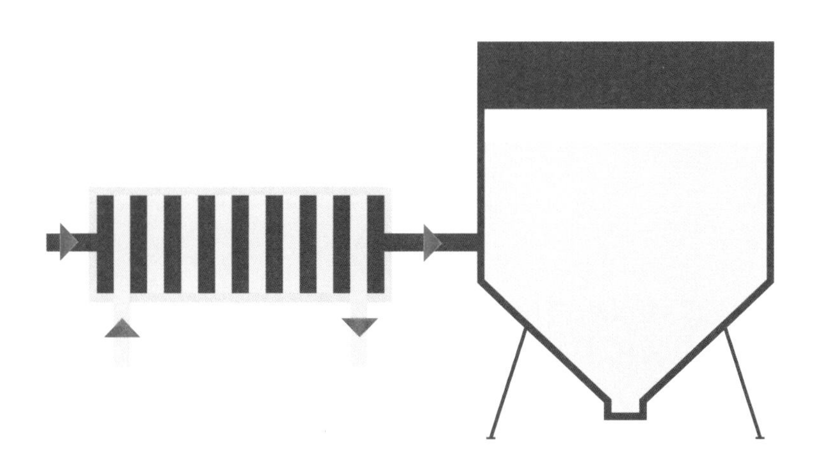

5 냉각

이 단계에서 맥아즙은 오염에 노출될 위험이 있다. 이를 막기 위해 재빨리 25℃ 이하로 식힌다.

6 발효

맥아즙에 첨가한 효모는 며칠 동안 단순당을 소비하고 알코올과 이산화탄소, 향 분자를 발생시킨다. 맥주가 맑아지도록 얼마 동안 숙성시킨다.

7 드라이 호핑(dry hopping)

홉의 향 분자 가운데 일부는 매우 섬세해 발효 도중에 파괴된다. 보다 섬세한 향을 추출해내기 위해 발효가 한 번 끝나면 홉을 다시 한 번 첨가한다. 그 후 몇 주가 지나면 맥주를 병입한다.

몰트

맥아라고도 하는 몰트(malt)는 맥주의 주원료로, 맥주의 사촌인 위스키의 재료이기도 하다.

보리 낟알

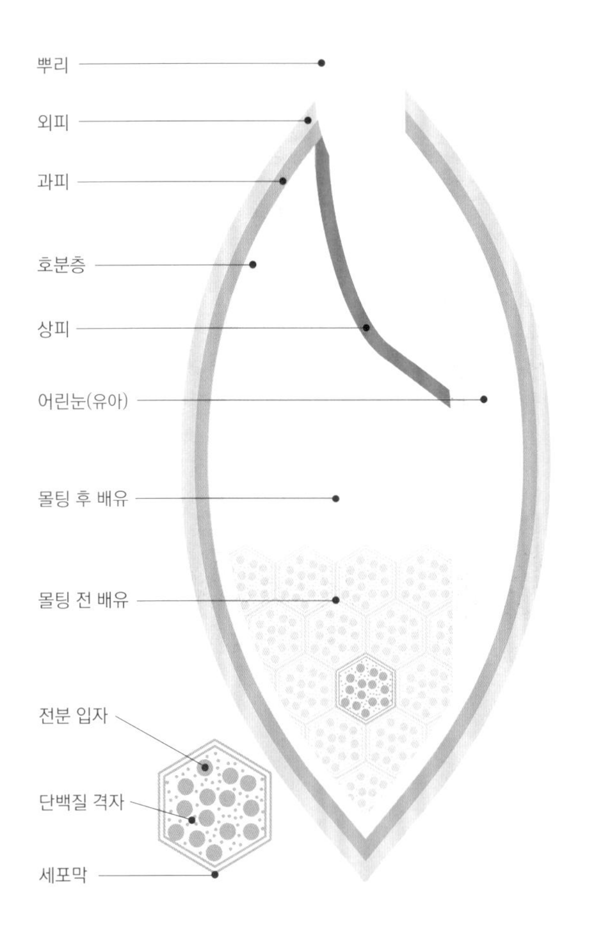

몰팅은 왜 하는가?

몰트는 몰팅(malting), 즉 제맥을 거친 곡물을 말한다. 맥주에는 흔히 보리를 가장 많이 사용하지만, 모든 곡물은 몰팅이 가능하다. 몰팅을 하는 이유는 무엇일까? 곡물이 가진 에너지를 최대한 활용하기 위해서는 몰팅 처리가 필요하다. 몰팅은 농업이 시작되기 이전부터 존재해온 기술이다.

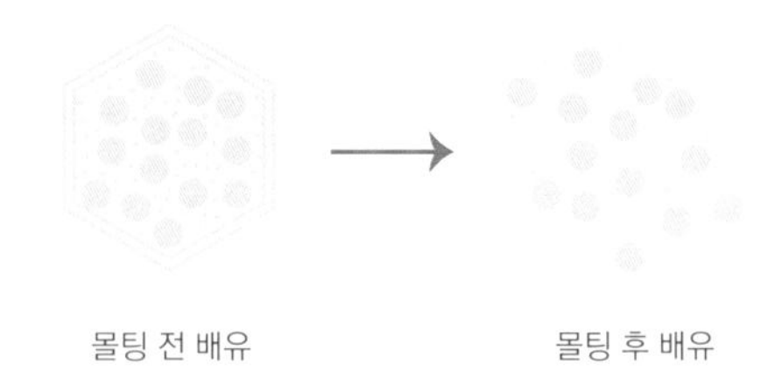

가공하지 않은 곡물의 낟알은 단단하다. 낟알에는 전분이 촘촘하게 저장되어 있는데, 이는 앞으로의 발아에 대비한 영양분 저장고의 역할을 한다. 낟알은 식물의 주된 번식기관이다. 겨우내 땅 속에 숨어 지낼 수 있어야 하고, 필요하면 몇 년도 버틸 수 있어야 한다. 봄에는 물을 빨아들여 싹을 틔우고, 자라서 새로운 낟알이 들어찬 이삭을 생산하여 다음 세대를 확보한다. 맥주를 만들기 위해 몰트스터(maltster)는 곡물을 여러 단계에 걸쳐 가공한다.

몰트스터는 누구인가?

전통적으로 대형 맥주 양조장에서는 곡물의 몰팅을 직접 진행해왔으나, 19세기에 이르러 몰팅은 대량 산업화되었다. 오늘날 몰팅 분야는 몇몇 대형기업이 지배하고 있으며, 전 세계 생산의 대부분을 담당하고 있다. 이들은 안정적인 품질의 몰트를 공급하며, 서로 다른 몰트를 배합하여 조화로운 맛을 만들어낸다. 여기서 프랑스산 보리는 영국 또는 독일 맥주의 구성요소로서 매우 중요한 역할을 담당하며, 아프리카나 중국 맥주에도 사용된다. 그러나 일부 양조업자들은 자신들이 재배한 곡물을 직접 몰팅함으로써 최종 상품과 생산환경 사이의 인접성을 확보하기도 한다. 마지막으로, 소규모 몰팅 공장의 발달도 눈여겨볼 만하다. 이들은 보통 해당 지역에서 유기농으로 재배하여 수확한 곡물을 몰팅하여 지역 내의 양조장에 납품한다.

몰팅 단계

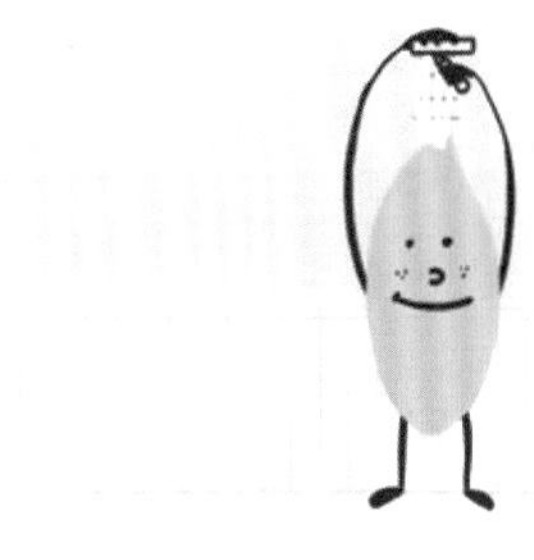

1 담그기

2~3일

낟알을 미지근한 물에 담가 부피가 2배로 커질 때까지 천천히 불린다.

2 싹 틔우기

4~6일

낟알 속의 배아가 깨어나 싹을 틔우기 시작하면 가는 실모양의 잔뿌리가 돋아난다. 낟알 속에서는 전분을 저장하고 있는 세포벽이 분해되어 싹이 나는 것을 돕는다. 발아 과정에서 알파아밀라아제와 베타아밀라아제 효소가 생성되는데, 이들 성분이 전분의 당화를 일으킨다. 발아시킨 몰트를 그린몰트(녹맥아)라고 한다.

3 건조

2~4일

그린몰트를 바닥에 깔아 빛과 뜨거운 바람에 노출시킨다. 먼저, 약 50℃에서 말려 발아를 중단시키고 낟알을 안정시킨다. 이어서 온도를 120℃까지 급격히 올리면 몰트의 색과 맛에 변화가 일어난다. 이 과정에서 몰트스터는 같은 곡물의 낟알로 건조 기간, 온도, 수분율을 달리하여 맛과 색이 다양한 몰트를 만들어낼 수 있다.

4 뿌리 자르기

필요 없어진 뿌리를 제거하고 약 20일 정도 휴지시킨 다음 사용한다. 완성된 몰트는 몇 년간 보관이 가능하다.

보리로 만드는 다양한 몰트

베이스 몰트(base malt)
저온으로 85℃까지 가열하며, 아밀라아제 효소가 풍부하고 맛이 연하다.

킬른드 몰트(kilned malt)
좀 더 높은 온도로 110℃까지 가열하며, 이 과정에서 빵이나 비스킷과 같은 '토스트 향'이 발달한다.

캐러멜(caramel) 또는 크리스털 몰트(crystal malt)
높은 온도에서 수분율을 조정하여 캐러멜의 풍미를 발달시킨 몰트이다.

로스티드 몰트 (roasted malt)
130℃ 이상의 온도에서 커피나 초콜릿과 같은 '구운 향'과 약간의 떫은맛을 낸 몰트이다.

곡물

곡물은 맥주의 구성에서 물 다음으로 중요한 재료이다.
와인의 포도와 같은 존재라고 할 수 있다.

맥주의 원료 곡물

곡물의 낟알을 이루는 주요 성분인 전분은 복합당으로서 양조과정에서 단순당으로, 다시 발효과정에서 알코올로 변환된다. 서구식 맥주에는 주로 보리가 사용되는데, 구하기 쉽고 비용이 많이 들지 않으며 양조과정에서 사용하기 쉽다. 밀은 보리보다 낮은 비율로 사용되며, 특히 독일 맥주에 많이 쓰인다. 그 밖의 곡물들은 몰팅을 하거나 하지 않은 상태로 보리를 보완하는 재료로 쓰이는데, 특징적인 터치를 주기 위해서 또는 전통적인 제조 방식에 따라 사용한다.

보리

맥주 양조용 곡물의 여왕인 보리는 가장 오래된 농작물이다. 아나톨리아 고원이 원산지로 노르웨이에서도, 아프리카 말리에서도 찾아볼 수 있다. 전분이 풍부하고 단백질 함량이 낮아 양조 작업에 이상적인 재료이다. 맥주의 원료로는 두줄보리 품종만을 사용한다.

밀

일부 독일식 맥주(예를 들어 바이젠비어)의 주원료로 사용되거나, 보조 곡물로 쓰인다. 밀은 신맛과 청량감을 더해준다.

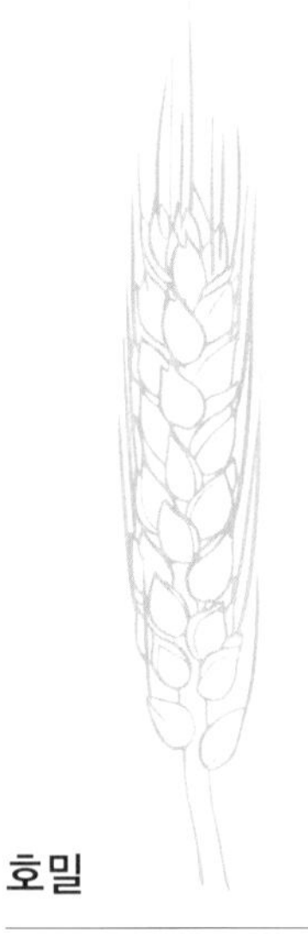

호밀

과거에는 전통적인 양조에 한정되었던 호밀은 최근 들어서 호밀 특유의 알싸한 맛을 사용하는 양조업자들 사이에서 새롭게 각광받고 있다. 호밀빵을 만들어 러시아, 우크라이나 등지에서 인기 있는 저알코올 음료인 크바스의 주요 재료로 사용하기도 한다.

귀리

귀리는 양조 레시피에서 포리지처럼 부드럽고 크리미한 맛을 낸다. 주로 오트밀 스타우트 스타일에 사용된다.

옛 곡물들의 귀환

20세기에 농업은 주로 수익성이 높고 산업화에 적합한 품종을 중심으로 전개되었다. 곡물 맛의 가치는 그다지 중요하지 않게 여겨지기도 했다. 맛을 중시하는 크래프트 양조장(craft brewery)이 부흥하면서 일부 양조업자들은 특유의 향으로 유명한 옛 품종을 다시 재배하기 시작했다. 큰 관심을 받고 있는 마리스 오터(Maris Otter) 보리 품종이 대표적인 경우로, 수십 년 넘게 오랫동안 잊혀져 있었으나 현재는 영국 북부에서 많이 재배된다.

옥수수

전통적으로 콜럼버스가 아메리카 대륙을 발견하기 이전부터 발효음료인 치차를 양조하는 데 사용되었다. 옥수수는 맛이 중성적이고 다른 곡물에 비해 가격이 저렴하여 주로 전분 공급원으로 이용된다. 글루코스 함량이 높은 옥수수 시럽은 북미 지역에서 대량생산되는 라거에 널리 쓰인다.

쌀

아시아에서 사케와 같은 발효음료에 사용되는 쌀은 일부 대량생산 라거의 전분 공급원으로, 경우에 따라서 매우 높은 비율로 사용되기도 한다. 쌀을 사용한 맥주는 입안에서 드라이한 느낌을 주어 홉과 같은 다른 재료의 맛을 살려주는 역할을 한다.

수수

전통적으로 몰트를 베이스로 하는 로컬 맥주(중국의 마오타이주, 서아프리카의 돌로 등)를 양조하는 데 사용된다. 최근에는 수수의 줄기에서 추출한 당분을 글루텐프리 맥주에 몰트의 좋은 대체원료로 사용하기 시작했다.

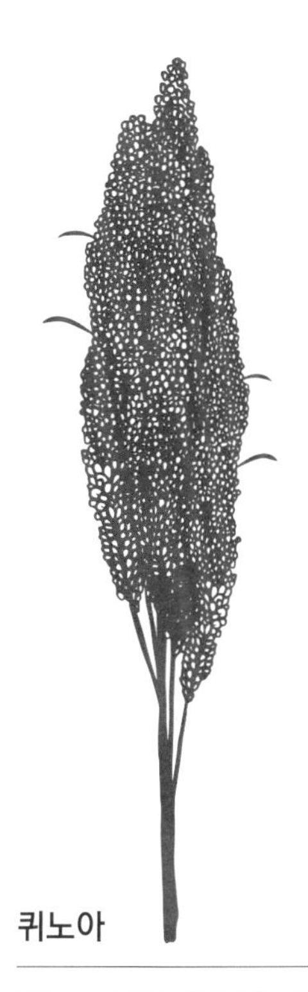

퀴노아

안데스 고원이 원산지인 퀴노아는 유사 곡물류에 속하며, 그 영양학적 가치를 인정받아 서구권에서 인기를 얻었다. 맥주 양조에서는 밀과 비슷한 맛을 내는 장점이 있어서 글루텐프리 맥주의 원료로 쓰인다.

홉

홉만큼 잘 알려지지 않은 식물도 없을 것이다. 맥주의 전체 구성에서 차지하는 비율은 채 1%가 안 되지만, 맥주는 '홉의 즙'이라고 불리기도 한다.

식물

홉은 유라시아와 아메리카 지역에서 자생하는 식물로, 북반구 기후대 전역에서 찾아볼 수 있다. 시골에서는 흔히 볼 수 있고, 이따금 도시의 하천가에서 발견되는데, 눈에 잘 띄지는 않는다. 옛 경작지에서 자라나는 경우도 많다. 덩굴식물이며, 주변의 나무를 감고 10m 높이까지도 올라간다. 암수딴그루 식물로 각각 암그루와 수그루로 나뉘고, 양조용으로는 암나무만 재배한다.

대마의 사촌, 홉

부모님이 경계의 눈초리를 보내는 의뭉스러운 사촌이랄까. 홉과 대마는 같은 삼과의 식물이다. 대마는 줄기가 땅 위로 곧게 자라고 홉은 덩굴로 자라지만, 두 식물 모두 수지(나뭇진)가 들어 있는 암그루의 꽃을 얻기 위해 재배한다. 대마의 수지는 활성성분인 THC(테트라히드로칸나비놀)을 함유하고 있는데, 잘 알려져 있다시피 이 물질이 향정신성 효과를 일으킨다. 홉의 수지 안에 들어 있는 알파산은 쓴맛을 낸다. 알파산은 방부제 역할 외에도, 진정과 근육이완 작용을 한다. 전통 의학에서는 수천 년 전부터 홉을 사용해왔다. 알파산 함량이 높은 알코올 도수 2%의 테이블 맥주, 예를 들어 다니엘 티리즈(Daniel Thiriez)의 라 프티 프린세스(La Petite Princesse)나 무알코올 맥주, 예를 들어 브루독(Brewdog) 양조장의 내니 스테이트(Nanny State)만으로도 홉의 효과를 충분히 측정해볼 수 있다.

홉의 재배

꽃대
소포
포(포엽)
루풀린 샘

루풀린 샘에는
수지와 에센셜 오일이
들어 있다.

맥주를 위한 꽃

7월이 되면 홉 덩굴은 '포(포엽)'라고 불리는 꽃들로 뒤덮인다. 여름 내내 적절한 비와 햇빛을 받으면 포는 점점 자라 솔방울 모양이 되는데, 이것을 구화(毬花)라고 한다. 홉의 암꽃은 루풀린(lupulin)이라는 수지(나뭇진)를 생산한다. 이는 본래 꽃가루받이를 할 곤충을 유인하기 위한 것인데, 양조업자들이 필요로 하는 것이 바로 이 물질이다. 루풀린에는 쓴맛을 내는 분자, 맥주의 맛과 저장성을 위한 알파산, 과일향과 꽃향을 내는 에센셜 오일이 들어 있다.

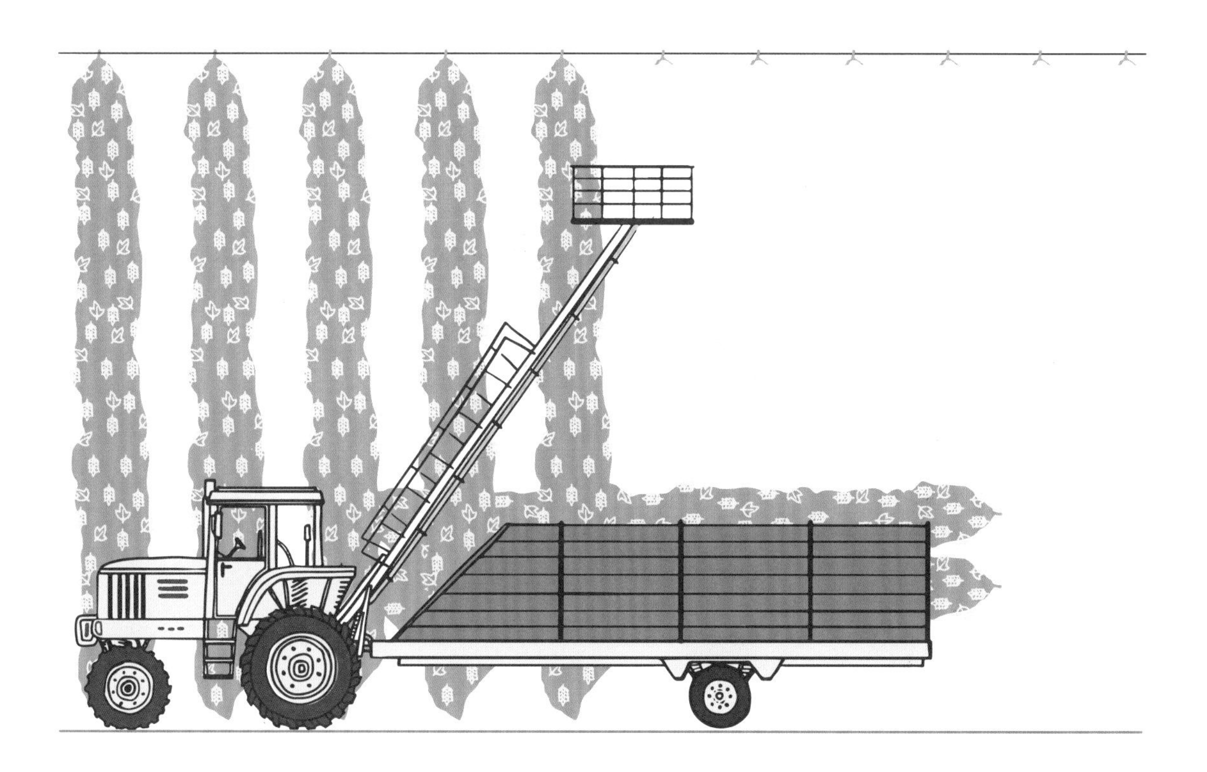

왕성한 생장

홉은 통풍이 잘 되는 온대기후에서 재배한다. 2월에 싹이 나는 뿌리의 일종인 뿌리줄기를 심으면 4월부터 싹이 나기 시작한다. 어린 줄기는 3~5갈래로 갈라진 잎사귀로 뒤덮여 있는데 포도잎을 닮았으며, 덩굴이 뻗어나갈 수 있게 두 나무기둥 사이에 매어놓은 긴 철사를 휘감고 올라간다. 덩굴은 8m 높이까지도 올라갈 수 있다. 생장이 가장 활발한 시기인 6월 초에는 하루에 30㎝씩 자라기도 한다.

구화 수확

홉은 9월 중에 수확한다. 포도 수확기와 마찬가지로 옛날에는 한 무리의 일꾼들이 손으로 홉 줄기를 잘라 수확하는 일에 동원되었다. 오늘날에는 사람이 하는 일은 줄어들었다. 농부들은 트랙터를 이용해 줄기를 통째로 잘라 창고로 옮긴다. 잘라낸 줄기는 기계로 줄기와 구화를 분리한다. 구화는 말려서 신속하게 가공하여 최적의 상태로 보관한다. 뿌리줄기 하나로 약 12년 동안 해마다 한 번씩 수확할 수 있다.

홉

홉은 어디에 쓰이는가?

먼저, 홉은 방부제로 쓰인다. 홉에 들어 있는 알파산은 제균성이 있다. 박테리아나 미생물을 죽이지는 않지만 번식을 막는데, 이러한 성질이 맥주의 장기보관을 가능하게 해준다. 알파산이 내는 쓴맛은 혀의 미뢰가 반응하는 강한 맛이다. 쓴맛과 처음 만나면 즉각적으로 일종의 거부감을 느끼게 된다. 이는 정상적인 반응이며, 진화과정에서 물려받은 감각이다. 자연계의 많은 독초들이 쓴맛을 갖고 있고, 우리 조상들은 중독을 막기 위해 그것을 피하는 법을 배우게 되었다. 그러나 홉에는 독성이 없다. 어떤 사람들은 일생 동안 쓴맛에 거부감을 갖기도 하지만, 대부분은 미각 훈련이 가능하여 수용할 수 있는 한계를 넓혀가고 마침내 쓴맛을 좋아할 수 있게 된다. 한편, 루풀린에는 에센셜 오일이 풍부하게 들어 있는데, 홉의 품종에 따라 과일이나 식물의 맛과 향을 내며 맥주의 맛을 풍부하게 만들어준다. 홉과 맥주에 들어 있는 알파산의 양은 IBU(International Bitterness Unit, 맥주의 쓴맛을 수치화하는 단위)로 측정한다.

홉은 박테리아나 다른 미생물의 번식을 막는다.

새로운 도전

맥주 양조산업은 크래프트 양조장의 발전과 함께 지난 30년 동안 대격변을 겪었다. 이들은 끊임없는 성장세를 보이고 있으며, 전통적인 라거에 비해 홉을 훨씬 많이 사용하는 방식을 중시하고 있다. 이들은 연구 끝에 개발된 새로운 홉 품종을 선정하여 제품의 향을 강조한다. 캐스케이드(Cascade) 같은 품종은 1970년대부터 각광받기 시작했는데, 강한 자몽향으로 캘리포니아의 시에라 네바다(Sierra Nevada) 양조장이 초기 IPA(인디아 페일 에일) 중 하나에 사용했다. 수익성 있는 신품종을 재배하는 사람들에게는 분명한 이익이 있다. 전 세계의 여러 연구소가 무수히 많은 풍미를 가진 품종을 개발하기 위해 경쟁하고 있다. 이러한 열정의 원천은 새로운 홉 재배에 대한 끊임없는 수요이며, 이는 한창 성장하고 있는 양조업계의 필요에 부응하기 위한 것이다.

구화로? 펠릿으로?

수확한 구화는 장기간 보관할 수 있게 즉시 말린 다음, 부피를 줄이기 위해 압축한다.
펠릿은 말린 구화를 가루로 만들어서 알갱이 모양으로 압축한 것이다. 저장부피를 더욱 줄여 양조과정에서 계량하기 쉽게 만들어져 있다.

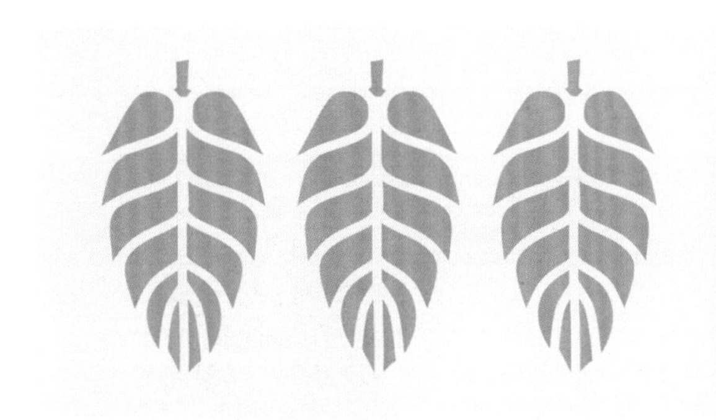

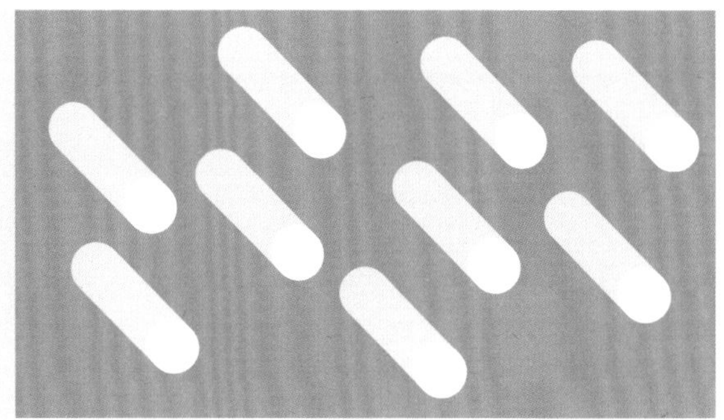

홉 리스트

품종명	알파산	원산지	특징적인 향	맥주 스타일
이스트 켄트 골딩 (East Kent Golding)	4.5~7%	켄트(영국)	섬세함, 향신료, 꽃	페일 에일, 스타우트
퍼글(Fuggle)	3.5~5%	켄트(영국)	꽃, 멘톨, 허브	페일 에일, 라거, 필스너
스트리셀팔트(Strisselspalt)	1.5~2.5%	알자스(프랑스)	향신료, 나무, 허브	필스너, 라거, 세종
미스트랄(Mistral)	6.5~8.5%	알자스(프랑스)	흰 과일, 장미	블랑슈, 라거, 세종
바르브루즈(Barberouge)	8~10%	알자스(프랑스)	붉은 과일	페일 에일
사츠(Saaz)	2~5%	보헤미아(체코)	섬세함, 허브, 향신료, 꽃	필스너
할러타우 미텔프뤼 (Hallertau Mittelfrüh)	3~5%	바이에른(독일)	섬세함, 향신료, 감귤류	라거, 필스너, 블랑슈, 세종
캐스케이드(Cascade)	4.5~8%	오리건(미국)	꽃, 감귤류	인디아 페일 에일
시트라(Citra)	10~12%	오리건(미국)	자몽, 열대과일	인디아 페일 에일
아마릴로(Amarillo)	5~7%	오리건(미국)	감귤류, 살구, 복숭아	인디아 페일 에일
소라치 에이스(Sorachi Ace)	11.5~14.5%	일본	코코넛, 레몬	블랑슈, 페일 에일 인디아 페일 에일
갤럭시(Galaxy)	11~16%	호주	과일, 망고	페일 에일, 인디아 페일 에일
넬슨 소빈(Nelson Sauvin)	12~13%	뉴질랜드	패션프루트, 파인애플	페일 에일, 인디아 페일 에일

물

맥주의 90%는 물로 이루어져 있다. 소박하지만 가장 중요한 재료이다.

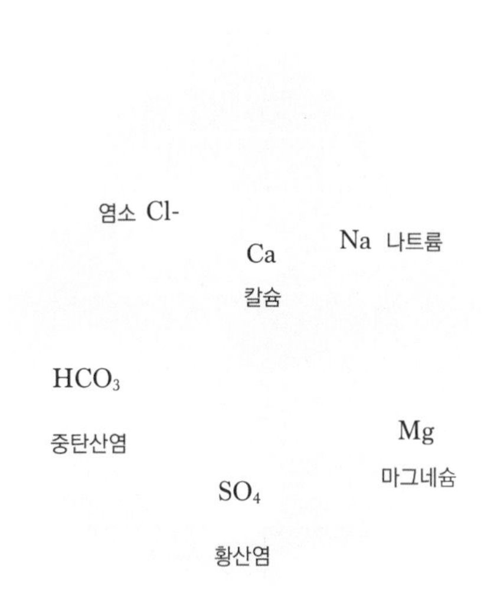

기본적인 재료

맥주 1ℓ를 생산하기 위해서는 몰팅, 양조, 냉각 등 각각 다른 과정을 거치는 동안 대략 10ℓ의 물이 필요하다. 수질은 가장 중요하며, 우선적으로 화학적 평형을 기반으로 한다. 무엇보다 물은 무기염(중탄산염, 염화물, 칼슘, 마그네슘, 황산염)의 존재에 따라 정의되며, 그 구성 비율이 맥주 양조의 질을 좌우한다. 과잉이나 부족은 효소나 효모의 활동에 영향을 주고, 이로 인해 잘못된 맛이 나타날 수 있다. 그러나 경우에 따라서 생물학적 오염은 이 단계에서는 심각한 영향을 미치지 않는다. 미생물들은 양조과정에서 파괴되기 때문이다.

맛에 영향을 미치는 요소

물은 양조 지역의 명성을 결정짓는 요소이다. 체코의 플젠은 19세기에 바이에른 출신의 한 양조업자가 이곳에서 독특한 라거 스타일을 만들어내면서 역사에 길이 남게 되었다. 현재 이 맥주는 필스 또는 필스너라고 불리며, 전 세계적으로 판매되는 주요 스타일이 되었다. 영국에서는 버턴어폰트렌트가 양조 활동의 중심지로 자리매김했다. 이곳은 석고층 지질의 영향으로 물이 황산칼슘을 함유하게 되었고, 이것이 홉의 풍미를 강조하여 버턴어폰트렌트 페일에일의 특별한 맛을 한층 살려주는 역할을 한다.

수돗물

전통적으로 양조업자들은 지역마다 수질의 특성을 고려하여 적합한 맥주 스타일을 만들어내야 했다. 화학적인 현상을 이해하게 되면서 작업환경이 크게 발전하였고, 오늘날 대부분의 양조업자들은 공공 수도관을 통해 공급되는 위생적이고 엄격하게 관리된 물을 사용하고 있다. 물의 구성에 따라 다른 방법으로 무기염의 구성 비율을 조정하여 수질을 최적화할 수 있다. 예를 들어, 활성탄소 필터는 수돗물의 냄새와 염화물을 잡아주며, 젖산이나 인산의 첨가는 pH 농도를 낮추어준다.

맥주로 유명한 도시, 그 수질의 화학적 구성

출처 : 『하우 투 브루(How to brew)』, 존 팔머(John Palmer), 브루어즈 퍼블리케이션즈(Brewers publications) 출판사

도시	더블린	
인기 스타일	스타우트	
칼슘	마그네슘	탄산염
118	4	319
황산염	나트륨	염화물
54	12	19

도시	버턴어폰트렌트	
인기 스타일	인디아 페일 에일	
칼슘	마그네슘	탄산염
352	24	320
황산염	나트륨	염화물
820	54	16

도시	뮌헨	
인기 스타일	메르첸	
칼슘	마그네슘	탄산염
76	18	152
황산염	나트륨	염화물
10	5	2

도시	플젠	
인기 스타일	필스너	
칼슘	마그네슘	탄산염
10	3	3
황산염	나트륨	염화물
4	3	4

맥주를 부드럽게 만드는 로스티드 몰트

전통적으로 양조에 사용하는 물은 그 지역의 맥주 스타일을 좌우한다. 더블린의 물은 탄산염의 비율이 매우 높다. 이 알칼리성 매질은 효소의 활동을 방해하여 전분의 당화가 잘 진행되지 못하게 하는 한편, 몰트 껍질에서 맥주에 좋지 않은 맛을 내는 페놀 복합물이나 씁쓸한 타닌이 빠져나오게 한다. 수질을 조정하는 기술이 등장하기 전, 양조업자들은 소량의 구운 몰트가 이러한 나쁜 맛을 잡아준다는 것을 알아냈다. 기술적으로 몰트 껍질을 태우면 pH 농도를 낮출 수 있다. 더블린의 재능 있는 양조업자들은 이러한 환경의 제약을 이용할 줄 알았기 때문에 스타우트 스타일을 통해 몰트 로스팅이 빚어내는 풍미를 개발할 수 있었다.

효모

진균류에 속하는 이 생물 작용제는 맥아즙의 당분을 알코올과 이산화탄소로 변환시키며, 맥주 고유의 맛을 더해주는 역할을 한다.

신비의 재료

효모 없이는 발효음료도 없다. 그러나 이 필수적인 작용제는 오랫동안 베일에 싸여 있었다. 옛 양조업자들은 발효 도중 양조통 표면에 떠오르는 두툼한 거품인 크라우젠(krausen)을 걷어내 두었다가 다음 통에 양조할 때 사용했다. 당시에는 효모가 일으키는 현상을 완전히 이해하지 못한 상태였다. 효모는 생물계에서 별도로 분류되는 단세포 유기체로 진균류에 속한다. 맥주 양조에 사용하는 종류는 사카로미세스 세레비시아(*Saccharomyces cerevisiae*)이며, '맥주를 만들기 위해 당분을 먹는 곰팡이'라고 한다.

효모의 활동

구체적으로 양조업자의 역할은 맥아즙에 효모를 넣는 것이다. 맥아즙은 당분이 들어 있는 연한 곡물 수프라고 보면 된다. 맨 처음 효모세포는 잠에서 깨어나 번식을 시작한다. 폭발적인 번식기에 효모는 며칠 또는 몇 주 동안 왕성하게 활동하며 맥아즙의 단순당(말토스, 글루코스 등)을 흡수한다. 그 활동의 결과로 생물학적 부산물(알코올, 이산화탄소), 과일향을 내는 에스테르, 향신료향을 내는 페놀과 같은 냄새분자가 만들어진다.

활발한 효모 연구

약 1,000년 동안 양조업자들은 선별된 독자적인 품종으로부터 각각 다른 특성을 가진 다양한 효모 균주를 개발해냈다. 일부는 독특한 향으로, 다른 일부는 중성적인 맛, 알코올 도수 상승에 대한 내성 등의 기술적 특성으로 구분되기도 한다. 많은 양조장들이 고유의 효모 균주를 개발하고 효모 분석과 관리가 가능한 실험실을 갖추고 있다. 그러나 대부분은 수백 종의 효모 카탈로그를 제공하는 특화된 효모 연구소의 도움을 받는다.

민감한 성분

효모의 질은 결정적인 요소이다. 스트레스를 받은 효모, 다시 말해 잘못된 환경에서 발달한 효모는 매니큐어 냄새부터 로켓연료 냄새에 이르기까지 여러 가지 '나쁜' 맛을 내거나, 발효과정을 일찍 중단시켜 맥주를 마시기 부적합한 상태로 만들 수 있다. 다른 한편, 위생문제는 병원균에 의한 오염 방지라는 지속적인 염려를 안고 있기도 하다. 양조업자는 원하는 스타일의 맥주를 위해 효모 균주를 선택하고, 해당 효모의 물질대사를 파악하며, 적합한 환경, 특히 적합한 온도를 제공하여 효모가 최적의 상태에서 활동할 수 있도록 모든 노력을 기울인다.

맥주 효모가 빵과 와인으로

빵 효모는 사실 맥주 효모 균주에서 비롯된 것이다. 전통적으로 양조업자는 양조통 바닥에 걸쭉한 반죽처럼 가라앉은 효모를 제빵사에게 팔았다. 효모를 반죽에 섞으면, 효모는 반죽 속의 당분을 먹고 이산화탄소를 배출하여 빵을 부풀린다. 또한, 와인의 포도즙을 발효시킬 때에는 맥주 효모의 사촌인 사카로미세스속의 효모를 사용한다. 또한 와인메이커가 시판 효모를 사용하는 경우에도 사카로미세스 세레비시아 균주가 작업에 도움이 된다.

발 효

상면발효? 하면발효? 차이는 사용하는 효모종에 있다.
또한 이 차이가 맥주의 대표적인 종류인 에일과 라거를 구분짓는 기준이 된다.

효모	사카로미세스 세레비시아 (*Saccharomyces cerevisiae*)
온도	15~25℃
수명	3~8일

상면발효

전통적인 맥주 효모(사카로미세스 세레비시아)를 사용하는 발효 방식이다. 바디감이 있는 맥주에 과일향 또는 향신료향을 더해주며, 알코올 도수를 12%까지 높일 수 있다. 보통 6~12℃에서 마신다. 앵글로색슨인들은 이러한 맥주를 에일(ale)이라고 부르는데, '맥주'를 뜻하는 고어에서 따온 이름이다.

효모	사카로미세스 우바룸 (*Saccharomyces uvarum*)
온도	8~15℃
수명	수주일에서 수개월

하면발효

사촌격의 효모인 사카로미세스 우바룸을 사용한다. 이 방식으로 만든 맥주를 라거(lager)라고 부르는데, '저장하다'라는 뜻의 독일어 라게른(lagern)에서 유래하였다. 에일보다 시원하게 마시며, 알코올 도수는 더 낮다. 향이 보다 섬세해 몰트와 홉의 풍미를 잘 느낄 수 있다. 이 효모는 19세기 대량생산 체제에서 사용하기 편하게 개발된 것이다.

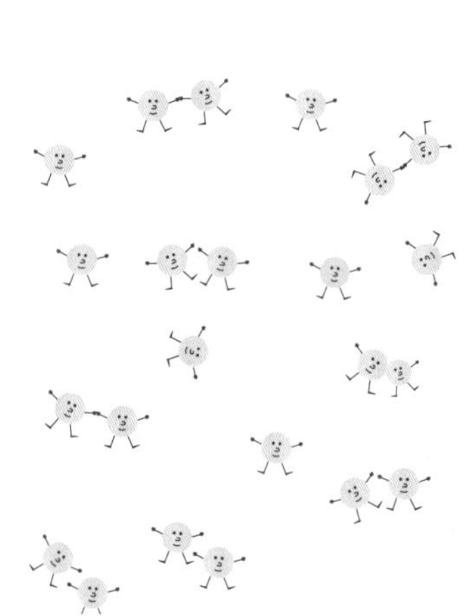

1 세포분열

맥아즙에 효모가 들어가면 효모세포들은 산소를 소비하고 분열을 통해 증식하기 시작한다.

2 발효

효모세포는 발효성 당분을 소비하고 알코올과 이산화탄소, 그리고 다양한 냄새분자(에스테르, 페놀, 디아세틸 등)를 만들어 낸다. 이때 맥아즙 표면은 두툼한 거품으로 뒤덮이는데, 이를 크라우젠(krausen)이라고 하며 효모가 풍부하다.

3 숙성

당분이 줄어들면서 효모세포는 디아세틸과 같은 일부 분자를 재흡수하는데, 이 과정에서 맥주가 숙성된다. 세포들은 서서히 휴면에 들어가거나 죽어서 양조통 바닥에 쌓인다. 맥주는 곧 병입할 수 있는 상태가 된다.

발효를 돕는 미생물

사카로미세스가 발효 파티의 여왕이라면,
다른 미생물들은 독자적으로 또는 보조제로서 발효과정을 이끈다.

브레타노미세스(*Brettanomyces*)

야생효모의 일종인 브레타노미세스는 벨기에의 괴즈와 람빅 스타일 맥주의 양조 초반에 작용하여 독특한 맛을 만들어낸다. 또한 수년에서 수십년이 지나는 동안 맥주 맛이 발달할 수 있는 가능성을 열어주기도 한다.

유산균

우리의 환경 어디에나 존재하는 박테리아이다. 치즈, 샤르퀴트리(charcuterie) 같은 육류 가공품을 만드는 필수요소로, 인류 문명에서 가장 오래된 세균 보조제 중 하나이다. 전통적으로는 맥주를 망칠 수 있어서 꺼려왔지만, 사워비어(sour beer)의 귀환과 함께 다시 주목받고 있다. 그러나 유산균을 잘못 배양하면 파르메산 치즈나 아기의 구토물 같은 냄새가 날 있으므로 주의해야 한다.

아세트산균

보통 초파리가 많이 옮기는 박테리아로, 식초맛이 나는 아세트산에틸을 발생시킨다. 대부분의 경우에 맥주의 아세트산균은 감염으로 보지만, 정확하게 사용하면 괴즈, 람빅, 또는 다른 오크통 양조 맥주에 특유의 풍미를 더해준다.

당류와 향료

순수주의자를 따를 필요도, 일부일처제처럼 곡물과 홉에만 한정시킬 필요도 없다.
다양한 재료들이 기본 레시피에 재미를 더해줄 수 있다.

당류

값싸고 쉽게 쓸 수 있는 당류의 첫 번째 기능은 알코올 도수를 높이는 것이다. 당류(사카로스 또는 글루코스)는 기본적으로 특별한 맛을 남기지 않는다. 그러므로 캔디슈거나 베르주아즈(사탕무로 만든 갈색설탕)처럼 캐러멜향이 나는 설탕을 사용하면 흥미로운 결과가 나올 수 있다. 또한 꿀의 당분은 완전히 발효될 수 있어서 양조업자는 꽃향기의 피니시가 남는 맛이 분명한 꿀을 선호하기도 한다.

나무통 숙성

갈리아인 장인들이 발명한 이래로, 수세기 동안 나무 양조통(배럴)은 맥주 보관용기의 기준이었다. 금속 양조탱크에 점차 자리를 내주기 시작한 것은 20세기의 일이다. 몇 년 전부터 나무통이 다시 주목받기 시작하면서 3개월에서 2년에 걸친 맥주 숙성에 사용되고 있다. 목적은 나무에서 나오는 새로운 풍미를 맥주에 덧입히기 위해서이다. 프랑스산 참나무는 바닐라와 향신료의 향을, 미국산 참나무는 코코넛과 꽃의 향을 입혀준다. 다른 주류를 담았던 나무통을 재활용하는 일도 흔하다. 예를 들어 코냑, 위스키, 버번 등을 담았던 통의 따뜻한 향은 임페리얼 스타우트의 완성도를 높인다. 와인 배럴에 숨어 있는 미생물은 맥주 안에서 일부가 발달하여 과일향과 독특한 신맛을 만들어내는데, 플랜더스 레드 맥주를 예로 들 수 있다.

재료에 따른 맥주의 정의

한쪽에서는 맥주를 물, 보리 몰트, 홉, 효모의 조합으로 제한하기도 한다. 이것이 그 유명한 바이에른의 '라인하이츠게보트(Reinheitsgebot)'로, 독일 맥주 양조를 최상의 경지로 끌어올린 반면 맥주를 위한 혁신적인 시도나 독창성의 싹을 말려버린 '맥주 순수령'이다. 프랑스에서는 최근까지도 곡물과 홉으로 만드는 발효음료라도 꿀이나 맥주에 사용이 금지된 동물성 재료가 들어간 경우에는 '맥주'라는 명칭을 쓰지 못하게 법적으로 규제하고 있다. 그러나 전 세계 다른 지역에서는 알코올 도수를 올리거나, 맛을 개선하거나, 저장성을 위해 주저없이 다양한 재료를 사용하고 있다.

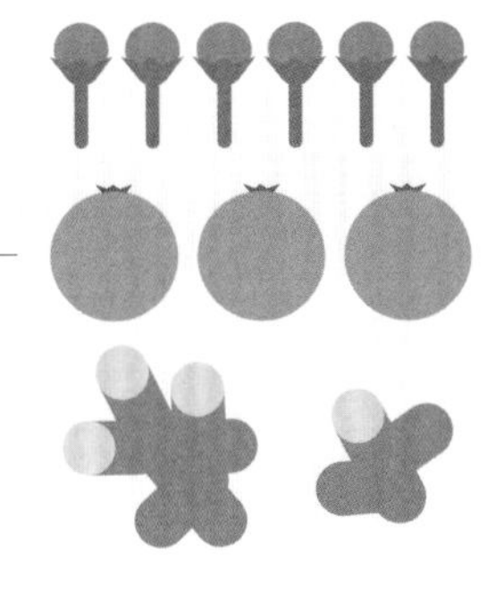

향신료와 향료

이와 관련해서는 소금부터 생호두, 커피에 이르기까지 모든 재료를 사용할 수 있다. 일부 양조업자들은 고대 세르부아즈(몰팅한 곡물과 향이 나는 식물로 만든 맥주의 조상)에서 영감을 받아 라벤더나 로즈마리 등의 허브를 첨가하기도 한다. 중요한 점은 균형을 유지하는 것이다. 사용하는 향이 몰트, 홉, 효모의 풍미와 향에 조화롭게 섞일 수 있어야 한다. 문제는 방법이다. 나무, 곡물, 뿌리에서 추출하는 향들은 대부분의 경우에 향을 끌어내기 위해 끓는 맥아즙에 처리할 필요가 있다. 보다 섬세한 꽃의 에센셜 오일은 우려내는 방법으로 추출한다. 특정 스타일의 맥주는 향료로 구분하기도 한다. 네덜란드의 윗비어가 여기에 해당하는데, 고수씨와 쓴맛이 나는 오렌지 껍질은 본래 맛과 저장성을 향상시키기 위해 첨가한 재료였지만 이 맥주 고유의 특성이 되었다.

과일

가장 오래되었다고 알려진 맥주는 중국의 9,000년 전 유적지에서 발견된 것으로 쌀과 과일로 만들어졌다. 이집트에서는 맥주를 만들 때 알코올 도수를 높이기 위해 당분이 풍부한 대추야자를 사용했다. 이러한 과일 맥주가 특산품이 된 경우도 있다. 벨기에의 크릭은 발효의 마무리 단계에 있는 양조통에 체리를 통째로 넣어 만든다. 각각의 과일은 고유의 특성을 갖고 있다. 향은 껍질, 과육 또는 즙에서 얻을 수 있다. 라즈베리는 고유의 향을 매우 분명하게 드러내는 반면, 복숭아는 흥미롭게도 살구의 풍미를 내기 위해 사용한다.

크래프트 맥주 vs 대량생산 맥주 

공장 맥주와 크래프트 맥주(수제맥주) 사이에 대결 구도가 존재할까?
단정할 수는 없다. 각 영역의 주체, 특히 그들의 목표에는 분명한 차이가 있다.

맥주 왕국의 거인

2017년, 세계 맥주 생산의 절반을 차지한 이들은 AB인베브(AB InBev), 하이네켄(Heineken), 칼스버그(Carlsberg) 같은 3개의 대형업체들이었다. 이들은 약 800개의 맥주 브랜드를 거느리고 있다. 거의 독과점에 가까운 상태에서 주로 비판받는 대상은 좀처럼 모험을 하지 않고 알코올과 갈증을 풀어주는 시원함에 주력하는 라거 위주의 제품군이다.

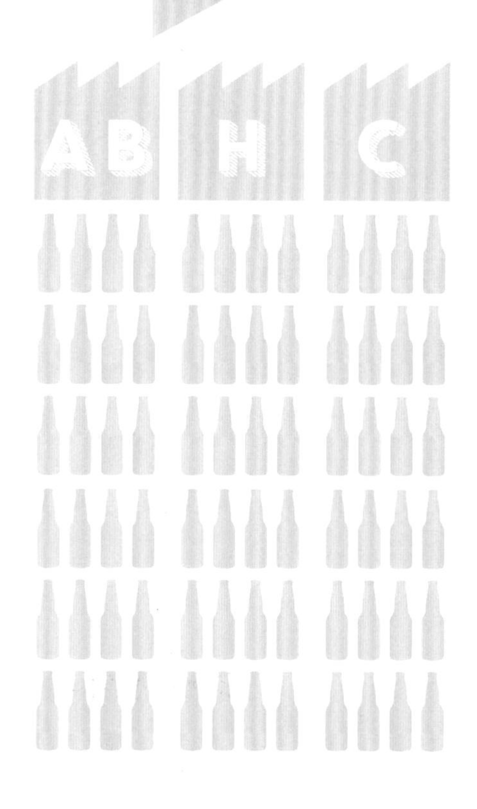

소비자가 원하는 것에 집중

그러나 20년 전부터 시장을 지키기 위해서든 아니면 새로운 시장을 개척하기 위해서든, 이 기업들은 '스페셜티(specialty)'를 강조하며 '상면발효' 맥주를 포함해 좀 더 강한 맛을 가진 제품들을 출시하고 있다. 또는 여성이나 청년층을 타깃으로 한 시장조사를 진행한 다음, 선택한 재료로 만든 제품을 내놓기도 한다. 맞춤형 마케팅 캠페인과 함께 출시되는 과일 맥주를 예로 들 수 있다.

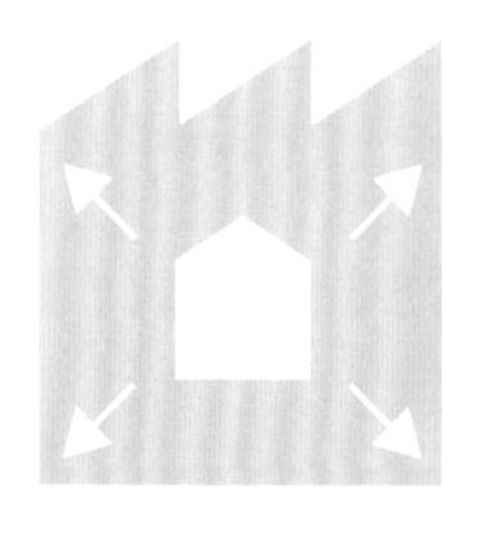

새로운 참여자

동시에, 양조 분야는 새로운 참여자들을 맞이하게 되었다. 1980~1990년대에 등장한 소규모 양조업체 중 몇몇은 거인으로 성장했다. 보스턴 비어 컴퍼니(Boston Beer Company), 시에라 네바다(Sierra Nevada) 양조장은 연간 수천만ℓ를 생산하여 전 세계로 유통시키고 있다.

동일한 공정

맥주 양조과정은 생산량과는 상관없이 전 세계적으로 동일하다. 소규모 양조장에서 사용하는 1hl 용량 양조탱크와 대형업체에서 사용하는 300hl 양조탱크의 차이는 생산설비와 최적화된 공정에 있다. 생산 가능한 용량이 크든 작든, 그것만으로 최종생산된 맥주의 품질을 평가할 수는 없다. 모든 것은 원재료와 그 활용방식에 달려 있다.

맛의 선택

크래프트 양조장과 기업형 양조장의 구분은 맥주를 중시하는 소비자들의 선택에 근거한다. 여기서 주요 쟁점은 맛, 그리고 홉에 앞서 들어가는 재료들이다. 맥주의 쓴맛은 오랫동안 단점으로 평가받아 왔다. 많은 독립 양조업자들은 계절별로 맥주를 한정판으로 선보이거나, 기술적으로 과감한 양조 방식에 집중하여 경험을 쌓는 등 혁신적인 시도를 이어가고 있다.

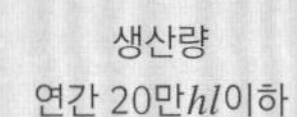

독자적 설비

크래프트 양조장이란?

엄밀하게 말해 크래프트 양조장의 정의는 존재하지 않는다. 그 개념은 '기업형 양조장'과 마찬가지로 모호한 상태로 남아 있다. 이 부분에 대해 프랑스에서는 법적으로 '소규모 독립 양조장'의 개념을 유지하고 있다. 이들은 생산한 알코올 제품에 좀 더 낮은 세율을 적용받으며, 다음 조건을 갖추어야 한다.

- 연간 생산량 20만hl 이하.
- 법적, 경제적 독립성.
- 독자적 설비.

크래프트 양조업자(Craft brewer)

맥주대국 미국에서는 맥주양조 분야에 혁명을 일으킨 업적에 따라 미국양조업자협회(American Brewers Association)에서 유사 규정을 두고 크래프트 양조업자 또는 수제맥주 양조업자를 정의하고 있다. 그러나 여기에는 몇 가지 규범적이지 않은 부분도 존재한다.

- 대량생산시 옥수수시럽이나 쌀을 다량 사용하는 것과는 달리 몰트와 같은 전통적인 원재료를 주로 사용할 것.
- 클래식한 스타일을 재해석할 가능성을 열어주고 이를 진화시킬 수 있는 혁신.
- 구호활동 등 지역사회에 대한 큰 투자.

소규모 양조업체를 삼키는 거인

수년 전부터 기존의 대형업체와 야심찬 소규모 양조업체의 구분이 모호해지고 있다. 대기업 버드와이저가 광고를 통해 크래프트 맥주의 열광적인 애호가를 뜻하는 비어 긱(beer geek)들을 비방하는가 하면, 그 모회사인 AB인베브는 2011년에 시카고의 유명 크래프트 양조장인 구스아일랜드(Goose Island)를 인수했다. 하이네켄 역시 2015년에 캘리포니아의 이름난 양조장인 라구니타스(Lagunitas)를 인수했다. 연간 10~15% 성장하는 높은 잠재력을 가진 새로운 시장에 대한 투자 기회인 셈이다.

나만의 맥주 만들기, 홈 브루잉

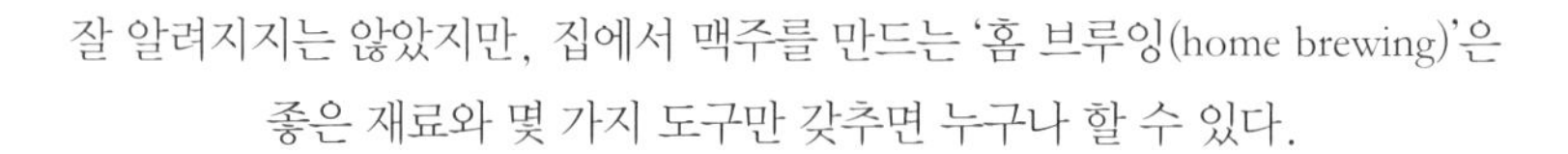

잘 알려지지는 않았지만, 집에서 맥주를 만드는 '홈 브루잉(home brewing)'은
좋은 재료와 몇 가지 도구만 갖추면 누구나 할 수 있다.

양조 방법

원하는 양에 관계없이 양조 방법은 동일하므로, 얼마든지 직접 만들어 즐길 수 있다. 유럽에서 아마추어 양조자들은 천천히 영역을 넓혀가는 중이다. 북미권에서는 이미 자리를 잘 잡았으며, 많은 상점에서 도구와 교재를 살 수 있고 교육기관도 다양하다. 재료비는 저렴한 편이며, 10유로 선이면 약 20ℓ 정도를 만들 재료를 구입할 수 있다. 투자해야 하는 것은 비용보다는 '시간'이다. 위생규칙을 잘 따르면 맛있는 맥주를 만들어서 친구들에게 자랑스럽게 선보일 수 있을 것이다. 양조는 제과와 마찬가지로 정교함이 요구되는 작업으로, 작업물에 일어나는 현상을 정확하게 이해하고 있어야 한다. 양조나 발효과정에서 단 몇 도의 온도차가 결과물에 큰 영향을 미칠 수 있다.

꼭 필요한 도구

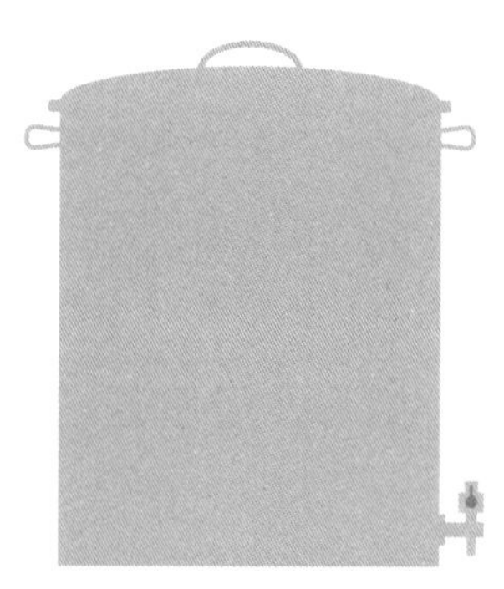

양조탱크

단순한 대형 냄비를 불에 올려 쓰거나, 전기 양조탱크를 사용할 수도 있다. 매싱, 헹굼, 가열에 사용한다.

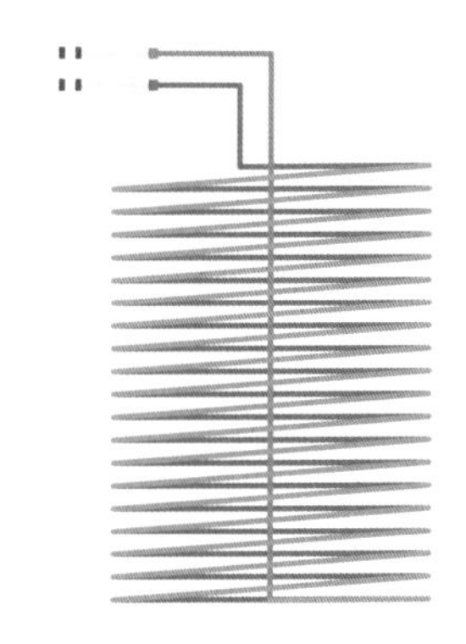

발효조

발효에는 물꼭지와 뚜껑이 있는 발효조(발효용 유리병)나 플라스틱 통을 사용하는 것이 좋다.

나선형 냉각기(칠러)

파이프에 연결해 열 교환기로 사용한다. 효모를 넣기 전에 맥아즙을 식히는 역할을 한다.

에어락

발효 도중에 발효조 뚜껑의 꼭지 위에 꽂아둔다. 발효조 내부와 외부를 연결하는 유일한 공간으로, 여기에 발효 중에 발생하는 이산화탄소가 모인다.

홈 브루잉의 3가지 방법

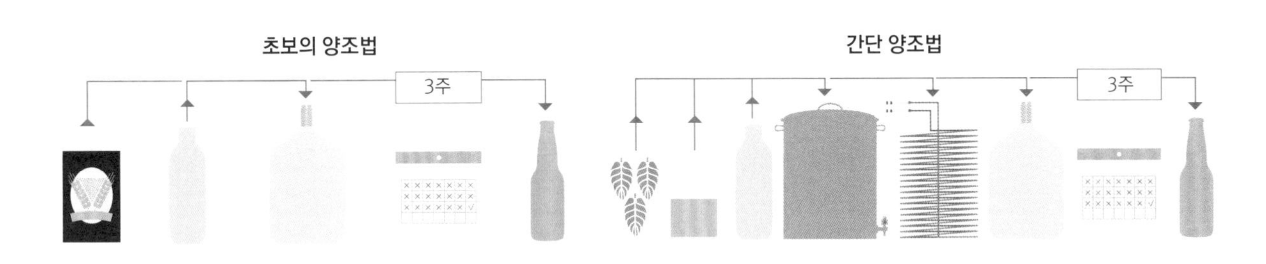

초보의 양조법_ 홉을 넣은 몰트 시럽

발효조 하나만 있으면 가능한 방법으로 초보자에게 안성맞춤이다. 뜨거운 물에 홉을 넣은 몰트 시럽을 희석한 후 발효시킨다. 여기서 양조자는 양조 레시피나 맥주 맛에 전혀 개입하지 않고 발효가 진행되는 과정을 즐겁게 바라보기만 하면 된다. 양조 시작에서 첫 시음까지 3주라는 긴 시간 동안 찬찬히 양조과정을 이해할 수 있다. 값비싼 양조 도구에 투자하기 전의 첫 단추인 셈이다.

간단 양조법_ 드라이몰트 엑스트랙트

드라이몰트 엑스트랙트는 단맛이 나는 가루로, 맥아즙의 수분을 증발시켜 만든 것이다. 낟알 상태의 몰트를 대체할 수 있는 제품으로 사용시 레시피의 양을 조절할 필요가 있다. 대부분의 몰트 종류는 이러한 엑스트랙트(농축액) 형태로도 구입할 수 있다. 물에 푼 다음에 홉을 첨가하면 된다. 이 방법은 분쇄기가 필요하지 않고, 매싱과 헹굼 단계를 생략할 수 있다.

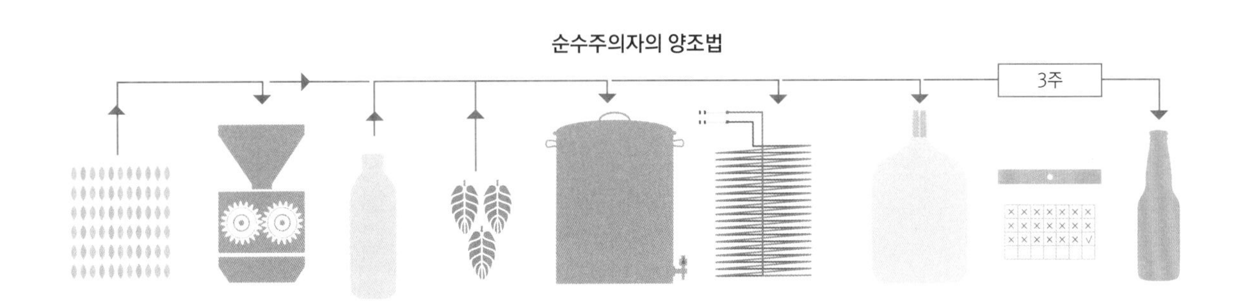

순수주의자의 양조법_ 낟알 상태의 몰트 사용

낟알 상태의 몰트를 그대로 분쇄한다. 매싱을 통해 전분을 추출한 후 당화시킨다. 홉을 넣고 식힌 후 효모를 첨가한다. 이 방식에서 어려운 부분은 온도 조절과 여과의 질이다. 그러나 몰트를 넣고 양조통과 매시 패들을 사용해 작업하는 동안 고대 양조장의 방식 그대로 맥주를 만드는 즐거움과, 온전히 내 취향대로 맥주를 만드는 기쁨을 맛볼 수 있을 것이다.

홉 재배하기

가정에서 재배하는 홉은 맥주에 특별한 맛을 더해줄 수 있을 뿐만 아니라
정원을 아름답게 꾸미는 역할도 한다.

왜 홉을 재배하는가?

당신이 양조 애호가라면 답은 분명하다. 2년 후에는 흙에서 직접 재배한 싱싱한 구화를 약 2㎏까지도 수확할 수 있기 때문이다.
어떤 경우에서든, 홉이 왕성하게 자라는 5월에서 9월 사이에는 덩굴이 거침없이 뻗어가는 모습을 즐겁게 바라볼 수 있을 것이다. 홉은 정원에 초록잎이 무성한 싱그러운 풍경을 만들어주며, 다른 어떤 식물과도 잘 자란다.
정원이 없다면 홉을 화분에 심어 발코니에서 기르는 것도 가능하다. 덩굴이 테라스를 따라 뻗어나갈 것이다. 홉은 물을 잘 주는 것이 중요하므로 그것만 주의하면 된다.

홉 구입

장식이 목적이라면, 정원에 특히 잘 어울리는 골든 홉을 사는 것이 좋다(그러나 양조용으로는 적합하지 않다). 당신이 양조 애호가라면 땅속줄기나 홉 모종을 구입한다. 인터넷에서 정보를 찾을 수 있는데, 프랑스를 비롯한 유럽에서는 바이러스나 박테리아 감염을 막기 위해 외국 식물의 반입을 금지하거나 엄격하게 제한하므로 외국산 홉은 주문할 수 없다. (한국의 경우에는 외국에서 뿌리줄기나 씨앗을 수입할 수 있다. 주로 미국이나 독일 등지에서 뿌리줄기를 수입한다.)

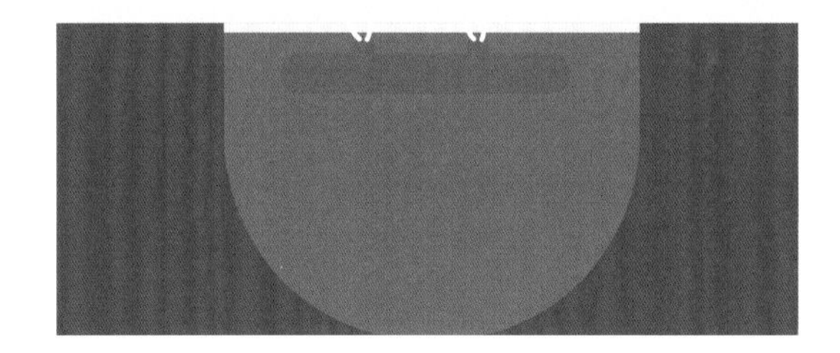

홉 심기

홉은 3월에서 4월 중순까지 심는다. 첫해에는 땅속줄기를 화분에 심어 그대로 땅에 묻고 새싹이 자라나기를 기다린다. 토양은 물빠짐이 좋고 점토질이 적어야 물이 오래 고여 있지 않는다. 50㎝ 깊이로 땅을 파고, 거기서 나온 흙과 비료를 섞어 구덩이를 다시 메운다. 새싹이 난 모종을 지면에서 5㎝ 깊이에 심는다. 땅을 메우고 지면을 짚으로 덮는다. 첫 줄기가 10㎝ 정도로 자라면 상태가 좋은 세 줄기만 고르고, 나머지는 잘라낸다.

지지대

홉은 덩굴식물이기 때문에 뻗어나가기 위해서는 지지대가 필요하다. 재배 첫해에는 약 5m까지, 이후에는 10m까지도 자란다. 홉을 철망 옆에 심어놓으면 초록빛 담장이 된다. 다 자란 홉의 무게를 지탱하기 위해서는 기둥을 세워주어야 한다. 땅과 나뭇가지나 건물 사이에 철사로 유인줄을 연결해두면, 홉 덩굴이 뻗어나가며 한여름에 휴식처가 될 그늘막이 만들어진다.

생장

홉은 5월 초에 성장이 특히 왕성해지기 시작해 하루에 20㎝까지 자라기도 한다. 홉은 습한 지역에서 자라는 식물로 물을 많이 먹지만, 지나치면 안 된다. 건조한 날씨에서는 알파산은 덜 만들어지지만, 향을 내는 에센셜 오일은 더 풍부해진다. 기생충이 발생하면 손으로 잡아준다. 7월에는 덩굴이 성장을 멈추고 꽃이 피기 시작한다. 이것이 바로 구화이다.

식탁에서

홉은 먹을 수도 있다. 홉의 새순은 하얗고 사각거리는 식감을 갖고 있다. 프랑스 플랑드르 지역과 벨기에에서 인기 있는 식재료일 뿐만 아니라, 값비싼 특선 요리에 사용되기도 한다.

구화 수확

지리나 기후, 홉의 품종에 따라 북반구에서는 8월 말부터 10월까지 구화를 수확한다. 구화는 짙은 초록색을 띠고 갈색으로 변한 부분이 없어야 한다. 보통 독특한 향을 내뿜으며, 만지면 진이 묻어난다. 만약 모든 구화가 완전히 익었는지 확신할 수 없으면 익은 것만 골라서 수확할 수도 있다. 수확이 끝난 줄기는 밑동을 잘라 땅에 펼쳐놓으면 땅을 비옥하게 하는 비료의 역할을 한다.

구화는 나무상자에 담아 빛이 닿지 않게 보관하며, 신속하게 말려야 한다. 수확량이 적으면 30℃로 예열한 컨벡션 오븐에 넣고 일정한 간격으로 뒤집어주며 건조시키는 것도 가능하다. 건조가 끝난 구화는 양조용으로 사용할 수 있다. 불투명 밀폐용기에 넣어 최대한 공기가 들어가지 않게 보관한다.

맥주의 거품은 어떻게 생겼을까?

우리의 눈을 매혹시키고 혀를 즐겁게 해주는 가벼운 거품은
맥주에 매력을 더해주는 작은 마법사이다.

거품이 주는 즐거움

'맥주 한 잔 할까?' 이 말은 긴장을 풀고 편안한 시간을 갖자는 신호이다. 맥주의 거품은 식전이나 식사를 즐겁고 경쾌하게 만들어 주고 모임의 분위기를 돋우기에 더할 나위 없는 요소이다. 거품과 기포는 효모의 작품이다. 발효 도중에 효모는 당분을 섭취하고 알코올과 이산화탄소를 배출한다. 혀의 온기와 만나면 맥주의 이산화탄소가 발포하면서 혀의 미뢰(맛봉오리)를 간질이는 듯한 느낌을 준다. 가스가 증발하면서 섞여 있던 섬세한 향도 드러나는데, 이 향은 주로 코로 느낄 수 있다.

거품이 있는 맥주는 근래에 등장하기 시작했다. 이것은 병이나 금속캔 안에서 가스의 압력을 유지할 수 있는 기술(병뚜껑)의 결과물이다.

갈리아인과 거품 없는 맥주

수세기 동안 맥주는 나무통에 보관했으며, 경우에 따라서는 보관 기간이 1년이나 되었다. 따라서 거품이 남아 있다고 해도, 대부분의 가스는 몇 달에 걸쳐 모두 빠져나갈 수밖에 없었다. 맥주는 본래 거품이 없는 것이 더 일반적이었다. 어린 시절에 읽은 만화책 『아스테릭스, 영국에 가다(Astérix chez les Bretons)』 편을 떠올려보면, 갈리아인들이 조심스레 미지근한 세르부아즈를 맛보는 장면이 등장한다. 맥주의 거품이 일반화된 때는 19세기 말이다.

거품

기술적으로 맥주의 거품은 맥주와 기포가 섞여 있는 상태가 계면활성제에 의해 유지되고 있는 것이다. 맛에 직접적인 영향은 없다고 해도, 거품은 사람들의 눈길을 사로잡고 제품의 품질을 판단하는 기준이 된다. 기네스 드래프트(Guinness Draught)의 경우는 이산화탄소에 질소를 주입하는 방식으로 잘 알려져 있다. 압력이 유지된 상태의 기네스는 표면에 두툼한 거품층이 형성되고 미세한 기포가 올라와 크리미한 맛이 난다.

기포는 어떻게 만들어질까?

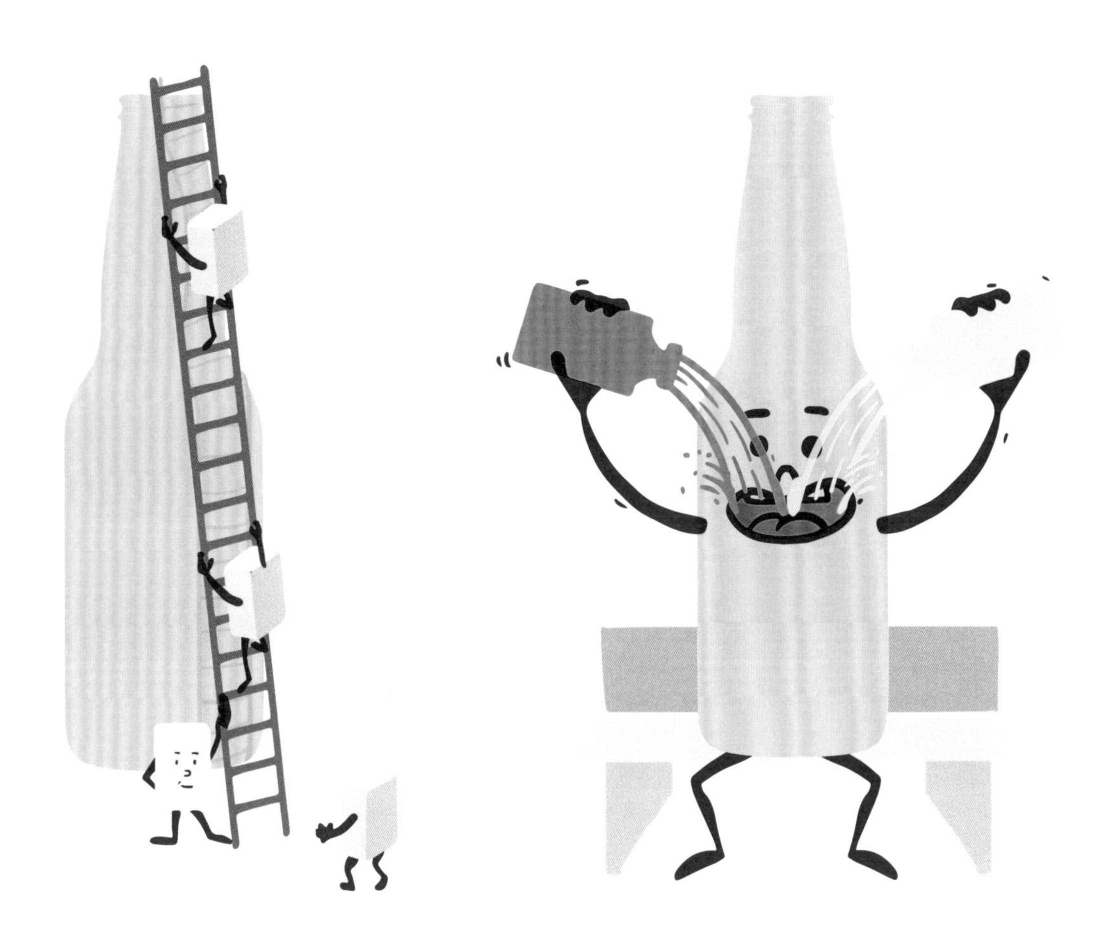

병입 후 재발효

이 방식은 '샴페인 방식'이라고도 불리며, 맥주의 품질과 고급스러움을 강조하는 기준처럼 소개되기도 한다. 그러나 실제로는 맥주에 기포를 만드는 가장 간단하면서도 비용이 덜 드는 방법이다. 여과와 살균 과정을 거치지 않아 아직 효모가 살아 있는 상태의 맥주에 적용하는 방식으로, 캔이나 병에 주입하기 직전의 맥주에 ℓ당 약 7g 정도로 소량의 설탕을 넣는다. 병은 뚜껑을 씌워 20℃를 유지한다. 이전까지 잠자고 있던 효모는 다시 깨어나서 첨가된 설탕을 소비한다. 밀봉상태로 인해 압력을 받은 이산화탄소는 맥주에 흡수된다. 개봉할 때 병 내부의 압력이 낮아지며 이산화탄소가 빠져나감에 따라 거품이 생성된다.

이산화탄소 주입

기본적으로 여과와 살균을 거쳐 효모가 남아 있지 않은 대량생산 제품에 적합한 방식이다. 발효 도중에 발생한 이산화탄소를 포집하여 냄새를 제거한 후 따로 보관한다. 이후 병입할 때 맥주에 주입하여 흡수시킨다. 바에서 마시는 맥주 역시 동일한 방식으로 케그(keg, 맥주를 저장하는 작은 통)에 가스를 주입하여 만든다.

숫자로 읽는 맥주

맥주에 관한 다양한 데이터 정보들.

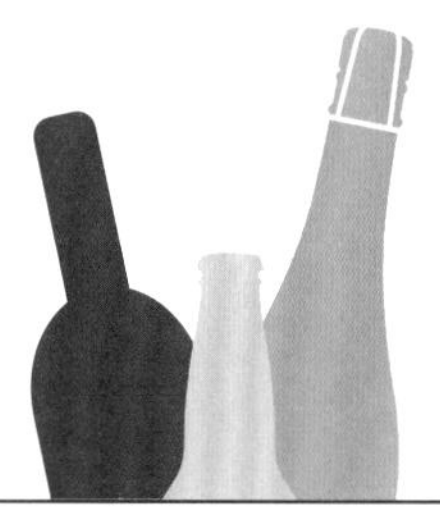

1/3

전 세계에서 팔리는 알코올음료 3병 중 1병은 맥주.

1/4

전 세계 맥주 생산량의 1/4은 중국 맥주. 지구상에서 가장 많이 팔린 상표 역시 중국의 '스노우(Snow)'.

148

맥주 애호가들의 나라, 체코의 연평균 맥주 소비량은 148ℓ. 그에 비해 프랑스인들의 맥주 소비량은 연간 32ℓ로 적다. 알코올음료가 보편화된 국가 중에서 맥주 소비량이 가장 적은 나라는 인도로, 심지어 보리 생산국이면서도 1인당 연평균 맥주 소비량은 2ℓ에 지나지 않는다.

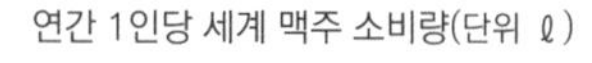
연간 1인당 세계 맥주 소비량(단위 ℓ)

140

미국 맥주대회의 조직협회인 BJCP (Beer Judge Certification Program)에서 발표한 맥주 스타일의 수.

300

현재 알려진 홉의 품종은 대략 300여 가지이다. 또한 매해 새로운 품종들이 개발된다.

3

품질 좋은 맥주를 만들기 위해서는 최소 3주의 시간이 필요하다.

필스너 1ℓ(4.5%)		
몰트 200g	홉 2.5g	물 5ℓ

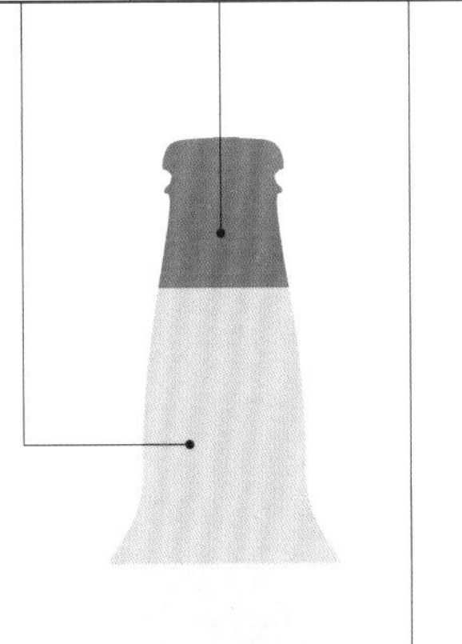

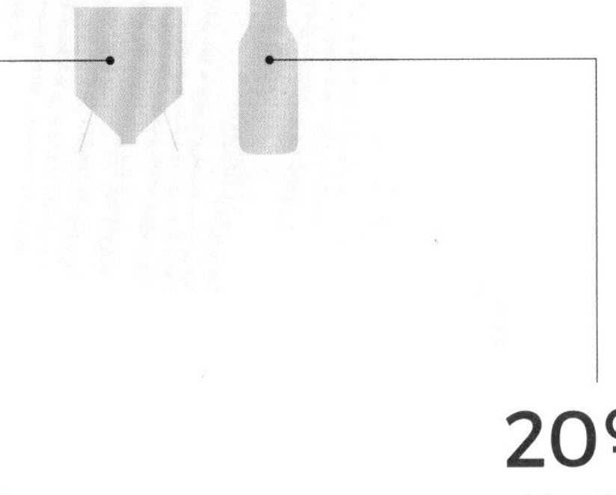

1,100

2017년 4월 1일, 프랑스에서 영업 중이라고 조사된 양조장의 수.

20억

2016년 프랑스의 맥주 소비량은 20억ℓ.

88

전 세계에서 가장 많이 마시는 맥주인 라거 250㎖의 평균 열량. 반면 동량의 탄산음료는 125㎉.

2,000

전 세계 연평균 맥주 소비량은 2,000억ℓ.

5~10

맥주 1ℓ를 생산하는 데 소비되는 물의 양은 평균 5~10ℓ로, 세척과 냉각에 사용되는 물의 양까지 포함한 것이다.

맥주의 사촌들

곡물 또는 과일로 만든 음료들 중에서 발효음료를 발명함으로써
인류는 무한한 창의력을 발휘하게 되었다.

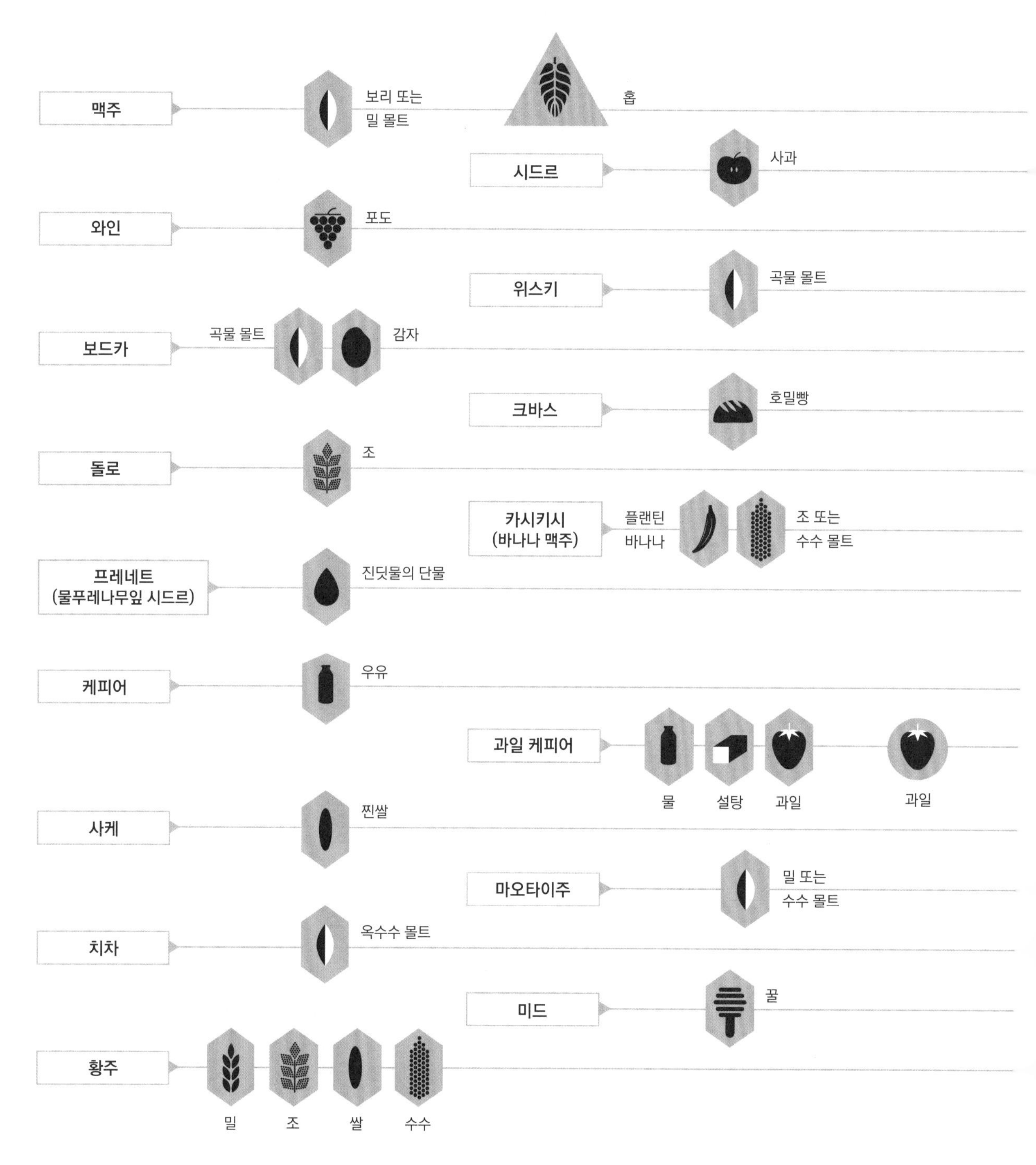

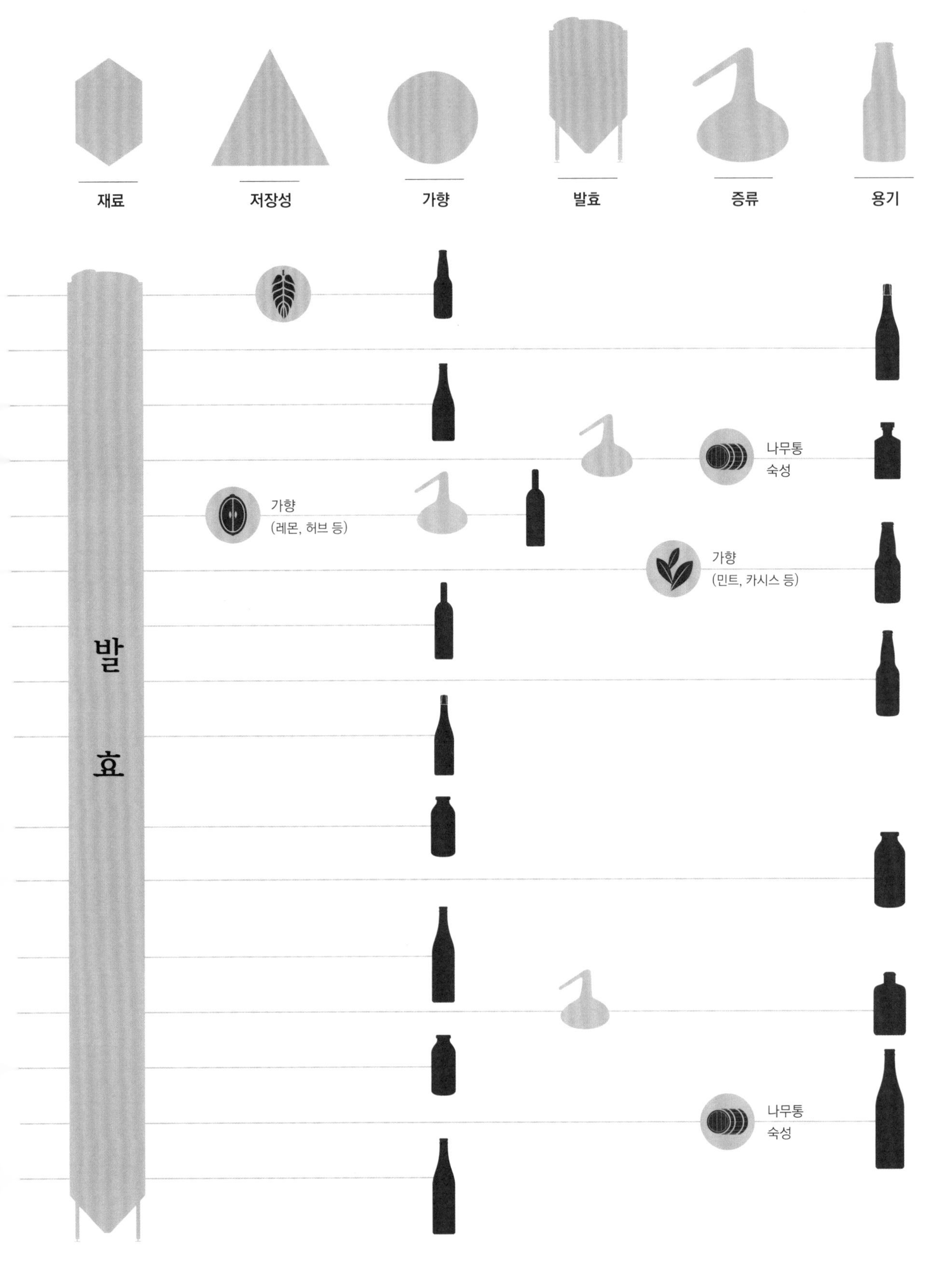

재료
저장성
가향
발효
증류
용기
나무통
숙성
가향
(레몬, 허브 등)
가향
(민트, 카시스 등)
발
효
나무통
숙성

맥주의 사촌들

시드르(cidre)

오늘날에는 변방으로 밀려났지만, 19세기만 하더라도 시드르는 프랑스에서 와인 다음으로 많이 마시던 음료였다. 사과즙을 사과 껍질의 효모 성분으로 발효시켜 만드는 시드르는 달콤한 두(doux) 타입과, 드라이한 브뤼트(brut) 타입의 두 종류로 나뉜다. 브뤼트 시드르는 단맛이 덜한데, 발효기간이 더 길어서 효모가 모든 당분을 소비하기 때문이다.

와인(wine)

와인은 와인 생산을 위해 선별한 포도 품종의 즙으로 만든다. 이때 기본적인 발효를 일으키는 것은 야생 효모인 사카로미세스 종류로, 맥주에 사용하는 사카로미세스 세레비시아(*Saccharomyces cerevisiae*)의 사촌이라고 볼 수 있다. 그러나 와인메이커에 따라 시판 효모를 사용하기도 한다. 효모가 포도즙의 모든 당분을 소비하거나, 알코올 비중이 높아지면서 효모의 활동이 어려워지면 발효는 마무리된다.

위스키(whisky)

위스키의 기원에는 보리 몰트로 홉 없이 엉성하게 만들었던 맥주가 있다. 발효가 마무리될 즈음, 위스키는 여러 차례 증류를 거쳐 알코올 도수를 높인다. 이어서 참나무통에 담아 수년간 숙성시켜 독특한 향을 덧입힌다.

보드카(vodka)

보드카는 전통적으로 감자(또는 몰팅한 보리나 밀을 쓰기도 했다)로 만들기 때문에 본래 별다른 맛을 갖고 있지 않다. 보드카의 풍미는 다양한 가향 과정(레몬, 향모, 고추, 자작나무, 쐐기풀, 후추 등)을 통해 만들어진다.

크바스(kvas)

소련의 붕괴에 이은 쇠퇴기 이후로, 알코올 도수가 2%로 낮은 크바스는 러시아와 우크라이나에서 매우 흔히 마시는 음료였다. 몇 년 전부터는 다시 인기를 얻기 시작해 대량생산 제품도 등장했다. 전통적인 크바스가 호밀을 이용하는 원시적인 맥주였다면, 오늘날의 크바스는 호밀빵(향신료의 풍미와 알싸한 맛)과 설탕(과일과 민트로 향을 낸 것)의 혼합물로 만든다.

사케(sake)

사케라는 용어는 종종 모든 아시아 주류를 가리키는 의미로 잘못 사용되기도 한다. 본래 일본의 사케는 알코올 도수 10~14%의 술이며, 쌀로 만든다. 쌀을 찐 다음, 아스페르길루스속(*Aspergillus*)의 누룩곰팡이를 넣어 쌀의 전분을 당화시킨다. 이 과정에서는 몰팅이 필요하지 않다. 이어서 다른 효모들이 알코올 발효를 일으킨다. 사케는 따뜻하게 또는 차갑게 마신다.

미드(mead)

옛날 그리스인들과 갈리아인들이 즐겨 마셨던 미드는 꿀을 발효시켜 만드는 술로, 알코올 도수는 10~16%이다. 보통 참나무통에 숙성시킨다.

마오타이주(maotai)

마오타이주는 수수와 밀로 만든 서로 다른 여러 통의 술을 섞어 토기 항아리에 넣고 5년에서 20년 동안 숙성시킨 것이다. 최고급 중국주로 꼽히는 술 중의 하나로, 20세기에는 외교 사절단에게 주는 선물로 쓰였다.

프레네트(frênette)

물푸레나무잎 시드르로, 옛날에는 프랑스 북부에서 흔히 마셨던 음료지만 오늘날에는 그 모습을 찾아보기 힘들다. 물푸레나무잎의 진액을 빨아먹은 진딧물은 단물을 남기는데, 이 당분이 포함된 분비물이 발효의 바탕이 된다. 프레네트의 알코올 도수는 1.5~3%로 낮은 편이다.

황주(黄酒)

곡물(밀, 조, 쌀, 수수)로 만드는 중국 술로, 서양에는 비슷한 술이 없다. 몰팅을 하지 않은 곡물을 끓인 다음 발효시키는데, 아스페르길루스속의 누룩곰팡이와 쿠(Qu) 효모의 독특한 조합으로 알코올 도수가 20%에 달한다. 재료의 구성을 보면 맥주와 비슷한 구석이 있지만, 황주의 맛은 오히려 와인에 가까운 편이다.

돌로(dolo)

전통적으로 아프리카 서부의 말리와 부르키나파소에서 마셔온 돌로는 싹을 틔운 조로 만든다. 돌로는 그날 만들어 그날 마시는데, 발효가 진행 중이어도 마실 수 있다.

치차(chicha)

콜럼버스가 신대륙을 발견하기 이전부터 존재해온 치차는 옥수수로 만들며, 여전히 안데스 산맥 인근의 여러 나라에서 매우 많이 마시는 음료이다. 전통적으로는 곡물을 씹어 침에 들어 있는 효소로 전분의 당화를 일으켰다. 그러나 오늘날에는 이 과정을 몰팅으로 대체하고 있다.

카시키시(kasi-kisi)

탄자니아, 우간다, 르완다, 브룬디의 명물인 카시키시는 알코올 도수 5~15%의 바나나 맥주로, 잘 익은 플랜틴 바나나(전분이 풍부하다)의 과육을 압착해 조나 수수 몰트를 넣고 발효시켜 만든다.

케피어(kefir)

코카서스에서 유래한 케피어는 전통적으로 우유로 만들었다. 주로 유산균으로 이루어진 미생물의 결합체인 케피어 알갱이를 우유에 넣으면 신선하고 상큼하며 오랫동안 보관할 수 있는 음료가 되는데, 요거트와 비슷하다. 과일 케피어는 설탕물에 케피어 알갱이를 넣고 과일을 섞어 만든다.

무알코올 맥주

알코올이 없어도 맥주다. 그리고 맛도 좋다!

1.2% 이하

프랑스에서 무알코올 맥주는 알코올 도수가 1.2% 이하인 경우를 말한다. 알코올이 그만큼 들어 있다는 사실이 놀라울 수도 있다. 입법자들은 알코올 도수가 그렇게 낮은 제품은 소비와 동시에 인체에서 분해되어 사람을 취하게 만들 수 없다는 점을 들어 이 기준을 존속시키고 있다. 분명히 알코올의 함량은 매우 낮다. 그러나 알코올을 섭취할 수 없거나 알코올중독 치료 중인 경우, 또는 종교적인 금기를 지키는 사람들에게는 문제가 될 수 있다.

무알코올 맥주를 만드는 3가지 방법

저밀도 양조

양조할 때 몰트를 적게 사용하는 방법으로, 전분의 양이 적기 때문에 발효성 당분의 양도 적다. 결과적으로 생산되는 알코올의 양도 적을 수밖에 없다. 발효과정이 매우 짧고, 발달하는 풍미도 적다.

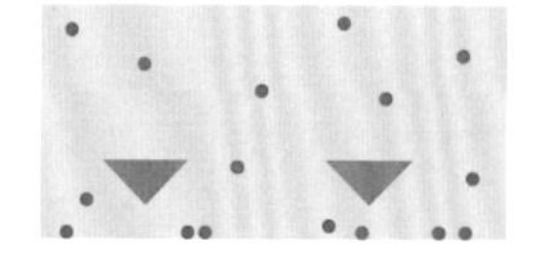

필터 여과

발효가 끝난 맥주를 필터에 통과시켜 에탄올 분자를 걸러내는 방법이다. 그러나 필터막에 걸려서 사라지는 향 또한 존재한다.

증류

맥주를 가열해 알코올을 증발시키는 방법이다. 그러나 에탄올의 끓는점은 78℃로, 맥주 맛이 나빠질 수 있다. 따라서 맥주를 진공상태로 유지해 끓는점을 낮춘 상태에서 알코올을 완전히 제거하는 방법을 사용한다.

무알코올 맥주의 성공

무알코올 맥주 시장은 전 세계적으로 확장 추세이다. 일부 대형 맥주회사들은 자사의 기존 제품들을 무알코올 버전으로 출시하고 있는데, 보통 단맛을 좀 더 강조하고 쓴맛은 줄인 것들이 많다.

세계 정복을 위하여

무알코올 맥주의 1/3은 중동 지역에서 판매된다. 종교적인 이유로 알코올 섭취를 금지하는 지역에서, 그럼에도 불구하고 일부 맥주의 맛을 발전시키고 있다는 점이 놀라울 수도 있다. 그러나 사실 알코올에 대한 종교적 불관용은 비교적 최근의 일이다. 그리 멀지 않은 과거만 해도 알코올 섭취 여부는 전적으로 개인의 선택에 달린 문제였다. 20세기에 서구 국가들과 오랜 기간 밀접한 관계를 유지해온 알제리, 튀니지 또는 이집트 같은 나라들은 소비 습관이나 생산 방법을 발전시킬 수 있었다.

무알코올 맥주의 맛은 어떻게 변화할까?

무알코올 맥주의 품질은 끊임없이 발전하고 있지만, 맥주의 진한 맛이 언제나 보장되는 것은 아니다. 문제는 말할 것도 없이 대형 업체들이다. 이들은 무알코올 맥주를 청량음료와 같은 소비시장에 놓고 있기에, 제품의 청량감을 우선시하여 맛은 뒷전인 경우가 많다. 보다 흥미로운 발전을 보여주는 것은 독립 양조업체들로, 이들은 더 흥미롭고 인기 있는 맥주 스타일을 무알코올 버전으로 선보이기 위해 노력하고 있다. 스코틀랜드의 브루독(Brewdog) 양조장은 알코올 도수 0.5%에 IPA의 품질을 훌륭하게 구현한 내니 스테이트(Nanny State)를 출시했고, 프랑스에서는 브라스리 라 데보슈(Brasserie La Débauche)에서 알코올 도수 0.8% 정도의 훌륭한 스타우트인 와일드 랩(Wild Lab)을 선보인 바 있다.

선사시대

아주 먼 옛날부터 우리 조상들은 이미 맥주 생산자이자 소비자였다.

옛날 옛적에……

태초에는 대형 영장류들이 있었다. 이들은 두 발로 걸으며 무리를 이루어 사는 원숭이류였다. 과일이 익을 때에는 다른 네발짐승과 마찬가지로 이들도 나무에서 떨어진 향이 짙고 군침이 도는 과일을 먹으며 즐거움을 누렸다.

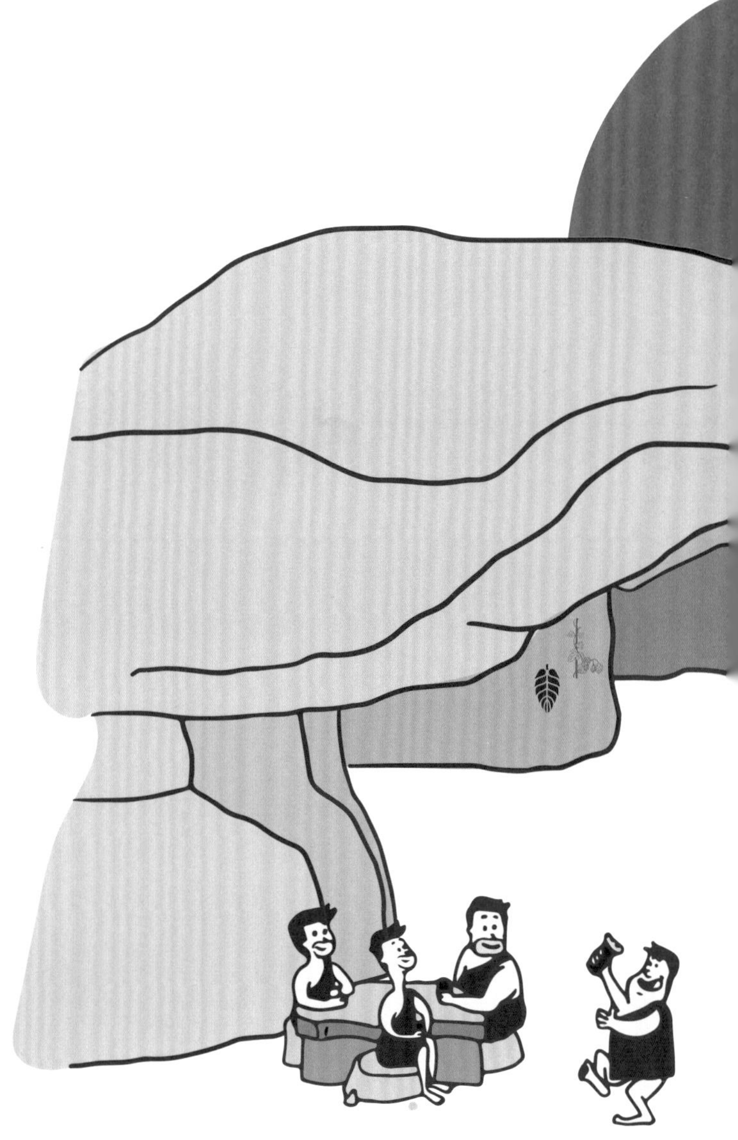

발효의 발견

대형 영장류들은 인간으로 진화했다. 동물의 가죽을 바느질하거나 식물의 섬유를 엮어 옷을 만들어 입는 방법을 터득했다. 발효기술을 알지 못했던 수렵채집 사회에서도 이미 사냥한 고기를 먹기 전에 며칠 동안 숙성시켜 소화가 잘 되게 했다.

거듭된 발명

새로운 기술은 삶의 양식을 바꿔놓았다. 먼저 토기의 발명으로 식품 저장이 가능해졌다. 과일즙이나 야자나무 같은 식물의 수액을 담아둘 수도 있었다. 농축된 액상당 안에서 야생효모는 대량의 에탄올을 발생시켰다.

예술과 종교

증명할 수는 없지만 와인의 원형은 부족 내에서 나눠 마시던 음료로, 이것을 마신 사람들은 기분이 좋아지거나 자꾸 웃음을 터뜨리게 됐을 거라고 추측된다. 그리고 그들은 이것이 서로 이를 잡아주는 것보다 사람들 간의 결속을 강화시켜준다는 사실도 알게 되었을 것이다. 생각의 흐름에 변화를 주는 선사시대의 이 음료는 아마도 형이상학적 사고의 기원이 되었고, 예술과 종교가 싹트는 데 도움이 되었을 것이다.

행복한 우연

그렇게 몇 세기 동안 공동체 내에서 해마다 의식을 치르며 와인을 마시고 취기를 즐기던 중 우연히 맥주가 탄생했다. 어느 날 지중해와 중국해 사이 어딘가에서, 누군가 싹이 난 곡물을 끓여 죽을 만들고서는 깜빡 잊어버린 것이다.

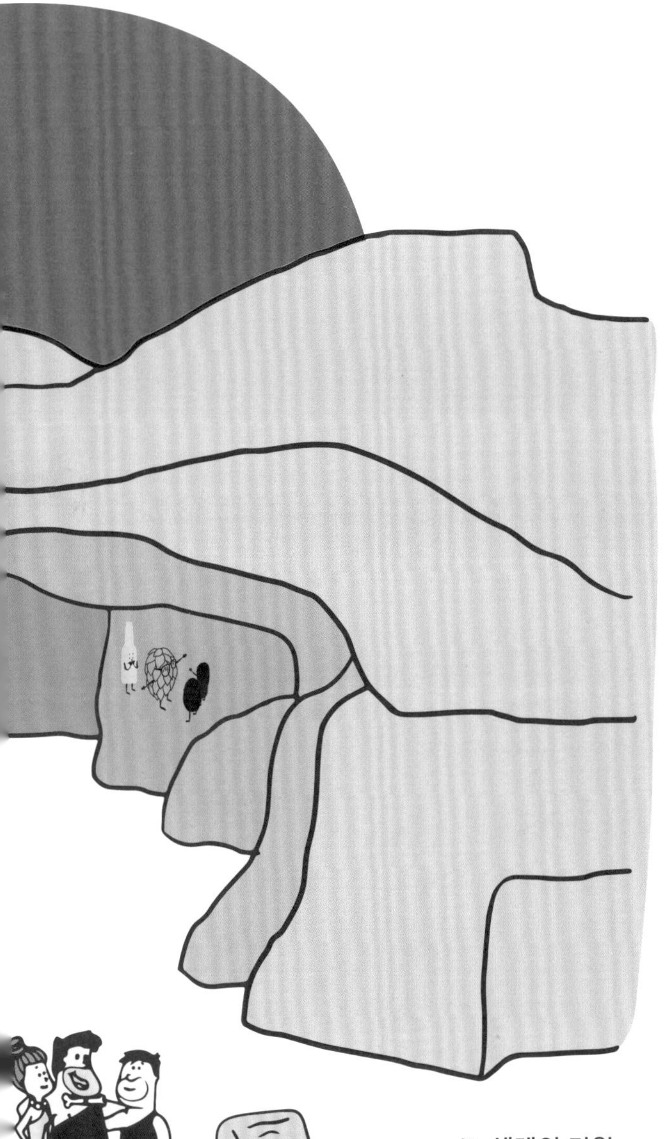

맥주의 탄생

며칠 후 잊고 있었던 곡물죽은 신맛으로 변해 있었다. 뿐만 아니라, 발효시킨 과일즙과 마찬가지로 사람을 취하게 했다. 우리 조상들은 곡물을 이용하면 1년 내내 취하는 음료를 만들 수 있음을 금세 깨달았다. 특히 이 원시적인 맥주는 곡물죽보다 영양가가 높고 비타민이 풍부하다는 장점도 갖고 있었다.

알이 먼저인가 닭이 먼저인가?

오랫동안 고고학자들을 괴롭혀온 한 가지 의문은 농업이 먼저냐 맥주가 먼저냐는 것이다. 오늘날 그들의 대답은 맥주 쪽으로 기울어 있다. 최근 발견된 아나톨리아의 괴베클리 테페(Göbekli Tepe) 유적은 1만 1600년이나 된 것으로 농업의 시작보다 앞선다. 여기서 곡물로 만든 발효음료를 담았던 용기가 발견되었다.

세계의 기원

고대 주류의 전문가인 고고학자 패트릭 맥거번(Patrick McGovern)에 따르면, 알코올은 신석기 혁명의 사회적 동력을 제공했다. 다시 말해, 식물을 심고 경작한 목적은(보리는 첫 번째 경작 대상이었다) 알코올음료를 대량으로 생산하기 위해서였다는 것이다. 이러한 해석에 따르면 맥주는 정착농업 문명의 기원인 셈이다.

CHAPTER N°2

맥주 구입하기

몇 년 전까지만 해도 맥주는 대형마트의 전유물이었다. 새로운 양조장들이 발전하고 다양한 제품군이 등장하면서 맥주 판매망에는 새롭게 등장하는 업체들을 위한 자리가 마련되었다. 이들은 짧은 유통경로를 선호하는 양조업자, 온라인 판매자, 맥주 전문점 운영자 등이다. 이 챕터에서는 호기심 있는 소비자들이 새로운 시장에서 길을 잃지 않는 법을 안내한다.

맥주, 어디에서 살까?

공급의 다양화는 새로운 유형의 판매자들과 새로운 형태의 소비를 불러왔다.

맥주 양조장에서

직접 가서 보는 것보다 좋은 방법이 있을까?

특정 맥주를 좋아하는 사람이라면 양조장에 직접 찾아가보는 것도 좋다. 그러나 미리 예약해야 한다. 갑작스러운 방문은 일이 많은 양조장에 실례가 될 수 있다. 방해받는 것을 별로 좋아하지 않는 양조업자가 한 손에 매시 패들을 쥔 채 당신을 맞이할 수도 있다. 대부분의 양조장은 토요일 아침에 판매 코너를 열고 방문객을 맞는 경우가 많다.

장점_ 가격, 신선함, 분위기, 직거래.

단점_ 보통 토요일 아침으로 제한되는 운영시간.

겉모습으로 판단하지 말자

처음 볼 때는 양조장이 별로 흥미롭지 않을지도 모른다. 브뤼셀의 전설적인 브라스리 캉티용(Brasserie Cantillon) 양조장을 방문하는 것이 아니라면, 최고로 엄격한 위생 기준에 부합하는 청결하고 잘 정돈된 작업장을 둘러보는 것이 전부일지 모른다. 그러나 양조장 방문의 핵심은 양조업자와의 만남이다.

성공적인 거래?

양조장에서 구입하는 것은 실패할 확률이 적다. 기본적으로 시중 판매가에 비해 가격이 싸기 때문이다. 중개상이 없으므로 양조업자 입장에서도 이윤이 더 높다.

양조업자와 친해지자

양조업자의 일과, 이런저런 제품을 만들기 위해 그가 어떤 선택을 했는지 들으면서 맥주를 향한 열정을 나눠보자. 각각의 맥주 뒤에는 양조업자의 노하우뿐만 아니라 그의 개성까지 녹아 있다.

맥주 전문점에서

새로운 흐름

맥주를 둘러싼 환경은 크게 달라졌다. 몇 년 전까지만 해도 (얼마 되지 않는) 기존 맥주 전문점의 대부분은 벨기에와 독일 맥주로 얄팍하게 구색만 갖추는 정도에 만족하는 분위기였다. 가게마다 제품 종류도 비슷했다. 프랑스와 외국에서 크래프트 맥주가 각광받기 시작하면서 열정이 넘치는 애호가들이 이곳 저곳에 새로운 맥주 전문점을 열기 시작했다.

폭넓은 선택과 전문적인 조언

주요 관심사는 전문점에서 판매하는 제품의 가짓수보다(이 점은 어떤 유통업자든 충족시킬 수 있는 부분이다) 어떤 양조장과 맥주를 선택했는가이다. 맥주 전문점은 보통 분위기가 좋고, 일부는 자리에서 맥주를 마시거나 음식을 먹을 수 있는 경우도 있다. 전문점의 판매자는 일반적으로 맥주에 대한 조언을 하거나 식사에 곁들일만한 맥주를 추천할 뿐만 아니라, 일반 대중에게는 잘 알려지지 않은 맥주 스타일을 발견하는 기회를 제공하여 경계를 넓혀주기도 한다.

장점_ 선택의 질, 조언.

단점_ 가격, 시내 중심가에 있을 경우 더욱 비싸진다.

인터넷에서

희귀 맥주 찾기

인터넷은 크래프트 맥주 애호가들이 그 어느 곳보다 활발하게 활동하는 공간이다. 맥주 시장 전체로 보면 매우 작은 틈새이지만, 까다롭고 열정 넘치는 애호가들이 다양성과 희귀하거나 이국적인 맥주를 찾는 모험의 세계이기도 하다. 판매 사이트에서는 접근성이 떨어지는 지역, 특히 대도시 외곽에 사는 사람들의 접근성 문제를 해결해주기도 한다. 시골에 사는 임페리얼 스타우트 애호가에게 배달되는 맥주는 너무나 반가운 대상일 것이다. 또한 인터넷 판매는 맥주 지식을 넓히는 기회가 될 수도 있다.(참고로 한국에서는 인터넷에서 맥주를 구입할 수 없다)

맞춤형 배달상자

몇 년 전부터 맥주 애호가들 사이에서 인기를 끌고 있는 '상자'가 있다. 6가지 맥주가 들어 있는 상자가 매달 집으로 배달되는 서비스로, 구성은 선별된 제품, 카탈로그에 적힌 맥주 스타일과 양조장에 대한 정보, 요리와의 페어링 제안 등의 요건에 따라 달라진다.

장점_ 클릭 한 번으로 폭넓은 선택이 가능.

단점_ 배송료로 인한 추가요금.

슈퍼마켓 또는 대형마트에서

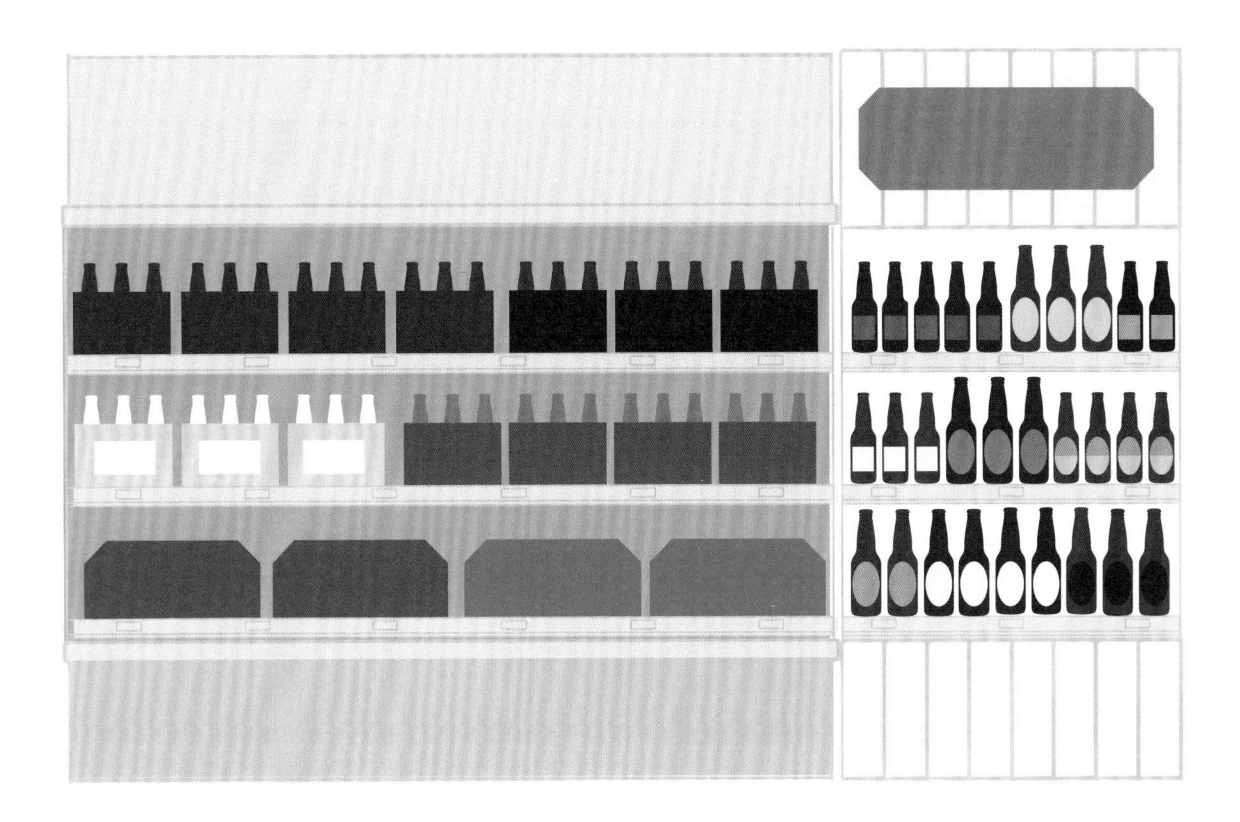

가장 편리하다

접근성, 양, 가격……. 대형 유통망은 여전히 소비자에게 손쉬운 선택으로 남아 있다. 새롭지는 않지만, 소비자의 입장에서는 가장 유명한 제품들을 쉽게 구입할 수 있다. 프랑스에서 소비되는 대표적인 맥주 스타일은 필스너, 수도원 맥주, 더블 등이며, 여기에 업계 선두주자들이 선보이는 가향맥주도 인기를 끌고 있다. 맥주를 잘 아는 애호가들을 매혹시키기에는 부족하지만, 축구 경기나 바비큐 파티가 있는 저녁에 어울릴만한 제품들은 충분히 갖추고 있다.

새로운 공급

일부 대형 매장들은 '크래프트 맥주' 코너를 새로 만들어 전문적으로 선별한 다양한 나라의 맥주를 선보이고 있다. 그런가 하면 일부에서는 소규모 양조장에 집중해 인근 지역에서 생산되는 맥주들을 홍보하기도 한다. 하지만 대형 유통업체들이 주로 선보이는 소규모 독립 양조업체들의 제품은 색에 따라 블론드, 브라운, 앰버 정도로 구분될 뿐이며, 보다 세밀한 제품 분류는 전문점의 영역으로 남아 있다.

장점_ 가격, 접근성.

단점_ 다양성 부족, 아쉬운 맛, 보관상태가 나쁠 수도 있음.

맥주의 가격

대형마트에서는 저렴한 맥주를 판매하지만, 크래프트 맥주는 그보다 비싸다.
당신이 좋아하는 맥주의 가격에 대해 좀 더 이야기해보자.

'대형'과 '독립' 사이의 거리

지식과 방법의 부족 때문에 오랫동안 소비자들은 질보다 양을 선택해왔다. 여름 저녁에 파티를 준비하며 '24병 한 상자'를 선택하고 약간의 아쉬움을 느낀 경험이 누구나 있을 것이다. 그러던 어느 날, 호기심에 이끌려 입문하게 된 크래프트 맥주. 그러나 곧 전혀 다른 가격에 놀라게 된다. 대형마트에서는 0.80유로면 익숙한 필스너를 살 수 있지만, 좀 더 공들여 만든 맥주의 가격은 2.50유로에서 4유로나 된다. 수입 미국 맥주는 말할 것도 없다. 이러한 차이를 어떻게 이해하면 좋을까.

규모의 경제

알코올 도수 4.5%의 750㎖ 맥주 한 병을 산다고 생각해보자. 알코올 생산에 매겨지는 주조세는 병당 0.17유로에 이른다. 그에 반해 원자재(몰트, 홉 등) 가격은 0.15~0.40유로, 소비재(병, 물 등)는 0.40~1.20유로 선이다. 모든 것은 생산 규모와 재고 보유량, 이윤에 달렸다. 납품업자와의 장기계약 역시 규모의 경제로 생산비용을 낮춘다. 그러나 이 외에도 운영 경비, 유통 마진 등의 비용을 고려해야 한다.

이윤의 문제

아마도 대기업에서는 5~10% 선의 이윤도 받아들일 수 있을 것이다. 대기업은 자기 투자나 배당금 지급 등이 가능하기 때문이다. 반면에 아주 작은 규모로 운영되는 독립 양조업자들은 판매 이윤이 유일한 수입원이며, 여기서 회사 운영비 역시 공제해야 한다. 따라서 이들의 판매가는 대형업체들이 매기는 가격보다 월등하게 높을 수밖에 없다. 게다가 대부분의 크래프트 맥주는 독립 전문점을 통해 전문적인 경로로 유통되는데, 이들 독립 전문점 역시 대형마트에 비해 더 많은 이윤을 남겨야 하는 입장이다. 독립 양조업자로 먹고사는 것은 가능하지만, 대규모 생산을 하지 않는 한 백만장자가 될 꿈은 꾸지 않는 것이 좋다.

상대적인 가격 문제

전 세계적으로 독립 양조업자들의 맥주는 대량생산 제품보다 비싸다. 일부 독립업체, 특히 미국의 양조장들이 맛을 희생시키지 않고도 세계적인 규모의 판매가 가능하다는 것을 보여주기는 했다. 그러나 대기업들은 마케팅 분석에 따라 한정된 스타일의 맥주에 집중하고 있고, 살균공정으로 제품을 안정화시키는 반면 진한 맛은 어느 정도 포기하고 있는 것이 현실이다. 평균보다 높은 가격이 열정어린 양조업자와 전문 상인, 바텐더의 노고에 보답하는 정당한 보상이 될 수 있을까?

라벨 읽기

라벨에는 종종 아름다운 이야기가 들어있지만
가장 중요한 것은 작은 글자 속에 있다.

정말 맥주가 맞는가?_ BIÈRE

맥주에 기반을 두고 있지만 '맥주'라고 이름붙일 수 없는 음료들이 있다. 몰트와 홉으로 만든 맥아즙을 발효시킨 알코올음료만이 '맥주'라는 명칭을 사용할 수 있다. 혼합 음료는 제외된다. 예를 들어, 맥주와 레모네이드를 섞은 파나셰(panaché)는 '맥주'가 아니다.

맥주의 이름_ NOM

맥주의 이름을 짓는 데 정해진 규칙은 없다. 일부 양조업체들은 제품의 스타일에 따라 브랜드 이름 뒤에 부가적인 명칭을 붙이기도 하는데, 기네스 드래프트(Guinness Draught), 기네스 엑스포트(Guiness Export) 같은 경우이다. 블론드(Blonde), 브라운(Brown), 앰버(Amber)처럼 맥주 스타일이 먼저 오는 경우도 있는데, 프랑스에서는 주로 이 방식을 사용한다. 또한 생산하는 맥주마다 각각 다른 이름을 붙이는 양조업체도 있다.

스타일로 아니면 색깔로?_ STYLE & COULEUR

맥주에 이름을 붙이는 방식에는 스타일과 색깔, 두 가지가 있다. 1920년대부터 맥주가 상업적인 성공을 거두면서 색깔에 따른 분류가 생겨나기 시작했다. 이들은 주로 조화로운 맛을 갖고 있으며, 블론드(보통 가볍고 상쾌한 맛), 브라운(시고 쓴 맛), 앰버(일반적으로 단맛)로 나뉜다. 사실 이러한 분류는 프랑스 소비자들이 많이 사용하는 방식이다.
독일이나 영미권에서는 다양한 맥주 스타일에 따라 이름을 붙이는 방식을 선호하며, 맥주의 색깔은 분류의 직접적인 기준으로 삼고 있지 않다.
그러나 스타일의 개념이 세계 전역에서 일반화되는 추세이며, 그 중에서도 트리플, 스타우트, 인디아 페일 에일 등이 명성을 얻고 있다.

위탁생산 맥주는 주의한다

외부에 위탁해 생산한 제품에 판매사의 라벨을 붙이는 경우가 있다. 대형마트에서 흔히 찾아볼 수 있는 방식으로, 유통업체의 자체 브랜드 맥주들이 여기에 해당한다. 이 경우에 소비자는 라벨에 적힌 생산자명이나 생산지의 주소를 확인해보는 것이 좋다. 일부 맥주는 프랑스 북부에서 생산했는데 남부에서 그 지역의 상징인 매미와 라벤더가 그려진 라벨을 붙여 고의적으로 혼동을 일으키기도 한다.

맥주의 시각적 아이덴티티_ ESTHÉTIQUE

이름과 마찬가지로 로고는 맥주와 브랜드의 상징이다. 신생 독립 양조업체들은 특히 그래픽 부분에 투자를 아끼지 않는데, 양조장의 이름이 근엄하게 들어가 있는 기존의 라벨 대신 음악, 애니메이션, 만화, 인터넷, 타투 등의 문화와 함께 성장한 세대의 관심을 끌만한 미적 감각을 갖추기 위해 노력하고 있다.

ㅣ농' 라벨

ㅣ관이 인증한 라벨을 붙이기 위해서는 물을 제외한 95%의 재료가 유기농 생산물이 한다. 기본적으로 유기농산물을 조달하기 쉬운 곡물, 설탕 등이 여기에 속한다. 재료 2%를 차지하는 홉은 대부분 일반 농산물인 경우가 많다. 양조용 유기농 홉은 생산량 우 적어 조달이 어렵다.

ㅣ 표기 정보

올 당연하게도 0.5% 범위 내의 알코올 도수 는 의무사항이다. 5% 이라면 맥주 1ℓ당 50 알코올이 들어 있다는 다. '무알코올' 맥주는 올 도수가 1.2% 이하 경우이다.

ㅑ 프랑스에서는 250 330mℓ, 500mℓ, 750 를 사용한다(1cℓ은 10mℓ ㅏ). 영국과 미국에서는 ㅓ법이 아닌 영미식 계량 위를 사용하기 때문에 용 ㅣ 조금씩 다르다.

유통기한 제품의 최적 사용 기한. 표시된 날짜가 지나면 맥주를 마실 수는 있지만 제품의 맛이나 향 등은 보장할 수 없다. 일반적으로 홉의 향이 두드러지는 제품은 빨리 마시는 편이 좋다.

제품 번호 제품의 제조 및 유통 이력 추적시 필요한 정보이다.

그린 포인트 프랑스의 의무표기 사항으로 양조업자가 사용한 빈 병을 수거하거나, 보다 일반적으로 병이 재활용 수거업체의 수거 대상이라는 뜻이다.

알레르기 유발 물질 이 표시는 글루텐을 함유한 곡물이 들어간 모든 제품에 붙는다. 글루텐은 알레르기가 있는 일부 소비자들에게 소화장애를 일으킬 수 있는 단백질로, 보리에는 소량의 글루텐이 들어 있으나 이것이 맥주에 미량으로 남게 된다.

임산부 알코올이 든 맥주는 병에 의무적으로 임산부가 그려진 특수 로고를 넣거나, 다음 문구를 넣어야 한다. '임신 중 알코올 섭취는 소량이라 할지라도 아기의 건강에 심각한 영향을 미칠 수 있습니다."

ㅏ니다. 물론 실질적으로 대부분의 양조업자들은 재료를 표기하고 있지만 말이다. 일 ː 한다. 이 칭찬할만한 고정관념은 까다로운 맥주 애호가들의 마음을 편하게 해줄 뿐 소에 대해 더 잘 이해하고 싶어하는 새로운 소비자들의 흥미를 돋우기도 한다. 브루 독(Brewdog) 양조장은 ... 들의 맥주 레시피까지 공개한 바 있다.

맥주의 저장과 보관

목이 말라서 죽을 정도가 아니라면, 보통 금방 사온 맥주는 며칠 두었다 마시게 된다.
그러나 여기에는 몇 가지 주의사항이 있다.

가장 큰 적은 빛

맥주는 빛, 특히 자외선에 약하다. 자외선이 홉에서 나온 분자를 분해시키면 사향이나 마늘 같은 좋지 않은 냄새가 날 수 있다. 퀘벡에서는 '스컹크 방귀 냄새'라고 표현하는 냄새이다. 이런 불쾌감을 피하기 위해 맥주는 냉장고나, 적어도 어둡고 서늘한 곳에 보관한다.

이 문제는 알루미늄 캔에서는 일어나지 않는다. 갈색 병 역시 이런 문제를 줄여준다. 대형마트에서 산 맥주는 주의할 필요가 있는데, 이따금 형광등 불빛에 오래 노출된 맥주를 사올 수 있기 때문이다.

세워서 보관한다

살균하지 않은 맥주에 들어 있는 효모는 병 바닥에 가라앉아 있다. 병을 세워서 보관해야 맥주를 따를 때 효모가 흩어져 색이 탁해지는 것을 피할 수 있다.

온도에 주의한다

특히 여름철에는 맥주가 지나친 온도변화에 노출되는 것을 반드시 피해야 한다. 효모의 질과 섬세한 향이 매우 급격히 나빠질 수 있기 때문이다. 맥주는 온도가 일정하게 유지될 수 있는 공간에 보관한다. 최적의 보관을 위해서는 맥주를 냉장고 아래칸에 두는 것이 이상적이다.

크래프트 맥주_ 신선함의 논리

크래프트 맥주는 살균과정을 거치지 않는 살아 있는 제품으로, 시간이 지나면 그 풍부한 맛이 안정적으로 유지되지 않는다. 그러므로 병입 후에는 빨리 소비하는 것이 중요하다. 홉의 향을 중시하는 맥주의 경우 이 문제에 특히 예민하다. 씁쓸한 맛은 시간이 지나면서 사라지는데, 이것이 맥주의 특징을 크게 바꿔놓는다. 생홉을 첨가하여 만드는 인디아 페일 에일이 대표적인 예이다.

맥주 숙성시키기

매우 드물기는 하지만 일부 맥주는 숙성이 가능하며, 해가 지나면서 맛이 발달하기도 한다. 크래프트 맥주 가운데 강하고 단맛이 있는 트라피스트가 여기에 해당한다. 이러한 맥주는 달콤한 포도주처럼 색이 진해지며 절인 과일의 향을 띤다. 드물게 브레타노미세스 계열의 효모를 사용하는 괴즈는 시간이 지남에 따라 동물적인 향이 나기도 한다.

맥주를 마시다 남겼다면?

걱정하지 않아도 된다. 마시다 만 맥주도 다음날까지는 당신을 기다려줄 것이다. 코르크 마개로 병을 막아 서늘하고 어두운 곳에 세워서 보관한다. 거품은 병을 열었을 때부터 줄어들기 시작해 약해져 있겠지만, 다음 식사에 곁들여도 괜찮을 것이다.

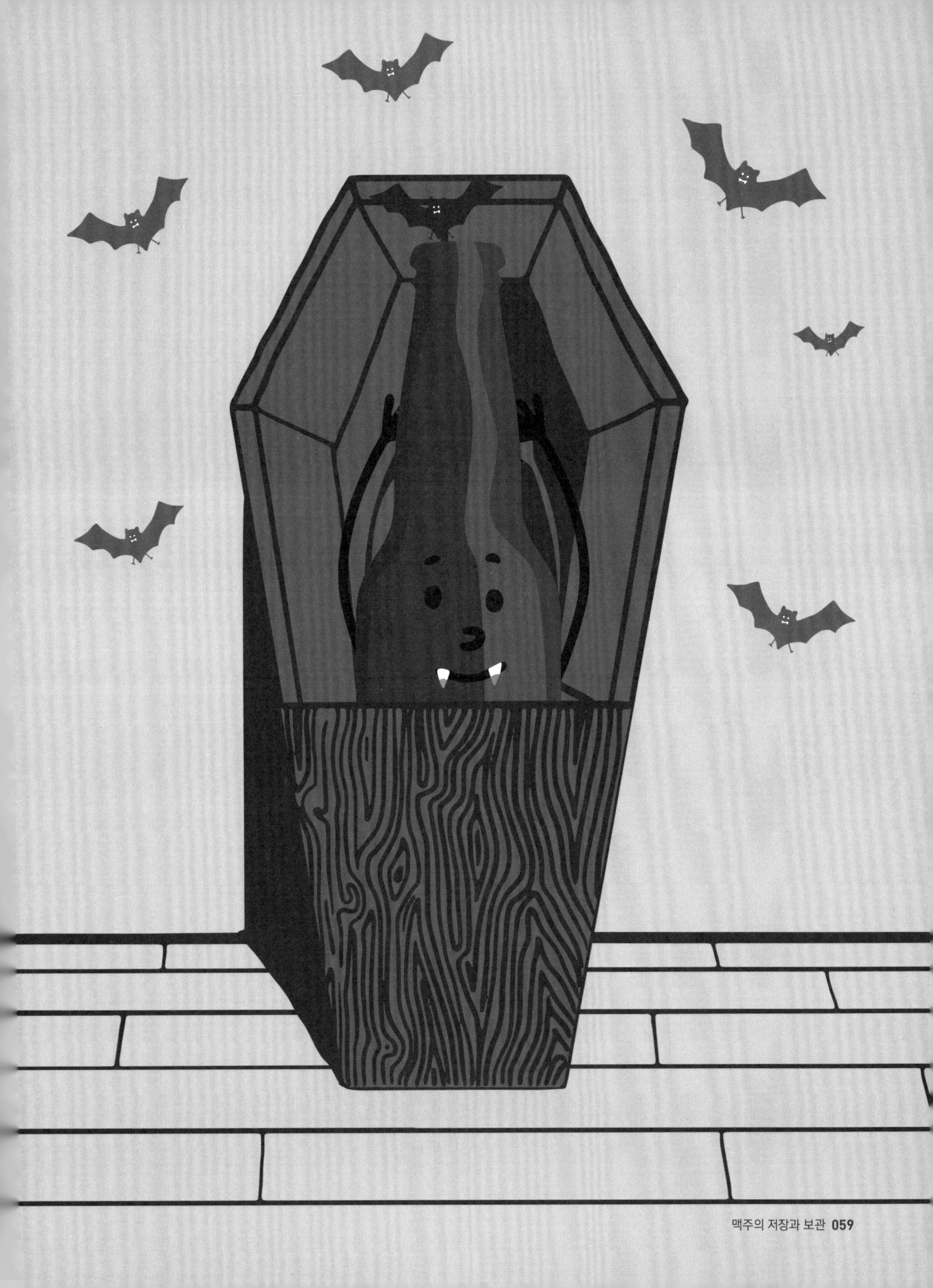

용기

각각의 용기에는 장점과 단점이 있다.

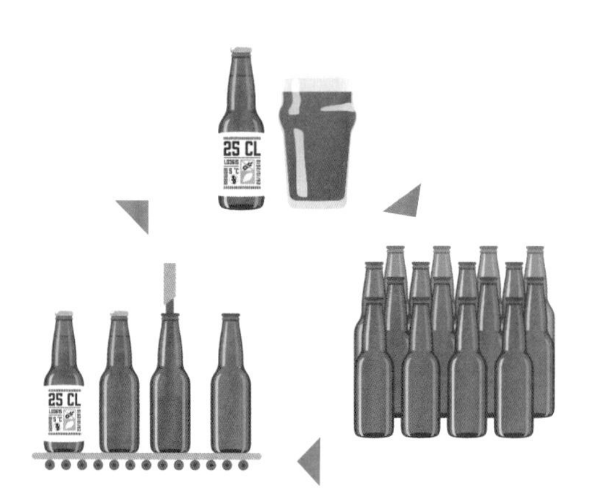

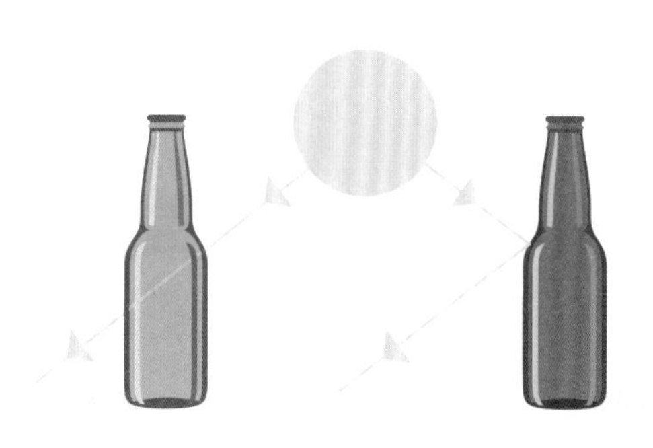

병_ 환경을 위한 선택?

병은 재활용이 가능하다는 장점을 갖고 있다. 독일에서 매우 발달한 병 보증금 제도를 살펴보면, 빈 병은 세척 후 다시 생산에 사용된다. 이 제도가 아직 도입되지 않은 프랑스에서는 재활용 수거를 통해 빈 병을 모아 다시 병을 만드는 데 사용하고 있다. 그러나 여기에는 더 많은 에너지가 소비되는 것이 사실이다.

녹색 병 vs 갈색 병

갈색 병은 광선을 부분적으로 차단해 맥주의 품질이 저하되는 것을 막아준다. 반면에 녹색 병은 자외선을 그대로 통과시키는데, 이 때문에 홉에서 나온 성분이 분해되어 좋지 않은 맛이 날 수 있다. 투명한 병의 경우에 이러한 문제는 더 빈번하게 일어난다.

병마개

1875년에 발명한 저렴하고 재활용이 가능한 플립탑(flip-top) 방식은 발포성 맥주의 대중화를 불러왔다. 당시까지 맥주의 거품을 보존할 수 있는 유일한 방법은 병에 설탕을 첨가한 후 즉시 쇠마개로 코르크를 고정시키는 샴페인 방식뿐이었다. 또한 플립탑 마개는 개봉 후에 남아 있는 압력을 유지해주기도 한다.

병뚜껑?

맥주의 병뚜껑은 작은 철제 디스크를 이용해 병 입구를 덮고 고정시키는 방식이다. 매우 저렴한 비용에, 플립탑 마개와 마찬가지로 맥주를 완벽하게 밀봉해주며 압력도 유지시켜준다. 단순해 보이는 방식이지만, 이는 사실 산업화 시대와 기계화의 산물로 1892년 발명되었다. 당연하지만 병뚜껑을 사용한 병은 마신 후 버릴 수 있는 첫 용기였다. 맥주와 관련된 물건을 모으는 수집가들이 좋아하는 아이템이기도 하다.

캔을 둘러싼 찬반 논란

프랑스어로 맥주 캔을 의미하는 카네트(canette)는 1970년대까지만 해도 플립탑 마개가 달린 맥주병을 의미했다. 현재는 알루미늄이나 스틸 캔을 가리킨다.
캔에 대한 평가는 그다지 좋지 않다. 말할 것도 없이 단점은 캔을 사용하는 맥주들의 별 볼일 없는 품질이다. 그러나 훌륭한 맥주들의 경우에 캔을 사용하는 것은 아무런 문제가 되지 않는다.

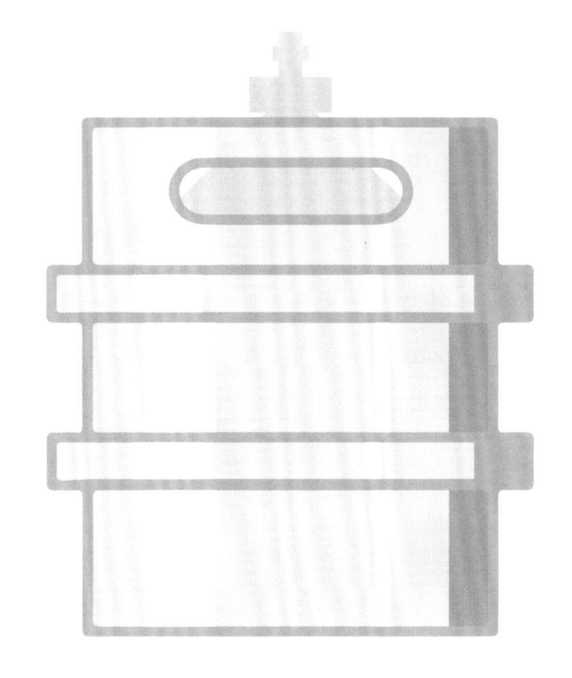

생맥주

생맥주를 대량으로 판매하는 맥주집에서는 스테인리스 탱크를 사용한다. 1920년대부터 나무통을 대체하기 시작한 스테인리스 탱크는 가격, 내구성, 계속해서 재사용이 가능하다는 점 등 많은 장점을 가지고 있다. 특히 위생적으로 관리하기 쉽고 미생물에 의한 예기치 않은 감염을 막을 수 있다는 점은 큰 장점이다. 그러나 펌프에 탱크를 연결하는 튜브에 의한 오염의 위험까지 차단할 수는 없기 때문에 엄격하고 꾸준한 관리가 필요하다.

문제의 알루미늄

빛이 들어갈 수 없는 캔은 자외선을 완벽히 차단해주며, 홉의 신선한 향을 더 오랫동안 보존시켜준다. 기본적으로 캔 안에는 식품용 필름이 붙어 있어서 맥주가 알루미늄과 직접 닿지는 않는다. 어쨌든 알루미늄은 얼마든지 재활용이 가능하지만, 그 유독성이 환경에 미치는 영향에 관해서는 여전히 논란이 있다.

대안 용기들

키케그(KeyKeg)
합성수지(PET)를 사용한 용기로, 내부에 신축성 있는 주머니가 있어 공기 접촉을 막아주고 압축가스를 이용해 맥주를 분출시키는 구조이다. 사용 후 버릴 수 있어 스테인리스 탱크의 수거 시스템을 갖추기 어려운 독립 양조장들이 많이 사용한다. 비용이 저렴하며 수출용으로도 편리하다.

돌리움(Dolium)
수출용 맥주를 위한 또다른 대안으로, 합성수지로 만든 탱크이다. 폐기가 가능하며 재활용은 불가능하다. 스테인리스 탱크와 같은 성능을 갖추고 있다.

문명의 서막

맥주는 초기 농업문명의 발달에 중대한 역할을 했다.

기후 온난화

서구문명의 역사는 지중해에서 티그리스강과 유프라테스강 유역에 이르는 비옥한 초승달 지대에서 시작되었다. 빙하기 이후 약 1만 년 전에 기후가 따뜻해지면서 냉대침엽수림인 타이가 지대는 목초가 자라는 초원지대로 바뀌었다. 유목민들은 이 지역에서 보리와 밀의 고대종들을 채집하기 시작했다. 얼마 지나지 않아 이들은 빵과 죽을 만들기 시작했고, 우연히 일어난 발효로 인해 곡물로 만든 첫 알코올음료가 생겨났다.

농업의 발달

흩어지지 않은 이삭을 주우며 유목민들은 자신들도 모르는 사이에 첫 품종 선별을 하게 되었다. 그 뒤로 수확을 늘리기 위해 땅을 갈아 낟알을 심었다. 이러한 농업 운영은 정착생활을 불러왔다. 그러나 인구가 늘어났음에도 생활 여건은 나아지지 않았다. 초기에 농사를 짓던 사람들의 뼈는 수렵과 채집을 하던 사람들보다 작았던 것으로 보이며, 그들의 이에는 탄수화물 비중이 높고 다양성이 부족한 식생활로 인한 충치와 결핍의 흔적이 남아 있었다.

초기 도시

농업은 문명과 공존한다. 농업은 마을을 이루어 모여 사는 인구를 증가시켰다. 생산활동에서 조금씩 분업화가 일어나서 장인, 상인, 요리사 등의 직종이 나타났다. 소금, 도구, 무기 등을 얻기 위해 멀리 있는 타지역과의 교류도 점차 활발해졌다. 이내 촌락의 단위는 영토의 형태를 띠게 되었다.

교환 가능한 화폐

약 5500년 전, 현재 이라크 영토인 메소포타미아의 우루크에서는 밀맥주로 일꾼들에게 임금을 주었다는 기록이 남아 있다. 맥주는 화폐경제가 나타나기 전에 빵과 함께 식량의 역할을 했으며, 병에 걸릴 염려 없이 마실 수 있는 수분공급 수단으로서 대체 불가능한 교환의 매개체였다.

'마시는 빵'

비타민에 대해서도, 효모의 특성에 대해서도 알지 못했지만, 고대인들은 맥주를 마시는 사람들이 더 건강하다는 것을 알아차렸다. 수메르 제국에서는 맥주를 '마시는 빵'이라는 뜻으로 시카루(sikaru)라고 불렀다. 당시 양조인들은 몰트의 조상인 싹이 난 스펠트(spelt) 밀과 적색 밀로 전병을 구워 시카루를 만들었다. 중요한 것은 대추야자와 꿀을 넣었고, 빨대로 마셨다는 것이다. 그러나 발효는 여전히 닌카시(Ninkasi) 여신이 주관하는 신비의 영역으로 남아 있었다.

도시 한복판에서 맥주를

몇 세기가 지난 후, 고대 도시 바빌론의 후손들은 여전히 맥주의 맛을 잊지 않고 있었으며, 오히려 그 반대였다. 이들은 점토판에 각각 다른 20종의 맥주를 구분한 흔적을 남기기도 했다. 바빌로니아에서 맥주는 일상생활에서 매우 중요한 물품이었으며, 루브르 박물관에 전시되어 있는 함무라비 법전(기원전 1750년 경)에도 등장한다. 이 법전에서는 특히 맥주의 외상 판매를 규제했으며, 가짜 맥주를 만들어 판매할 때는 사형에 처했다.

CHAPTER

N°3

맥주 마시기

팔꿈치를 올리는 것보다 쉬운 일은 없다! 즉, 맥주를 마시는 방법을 배우는 수업은 없다. 그러나 맥주를 찬미하고, 그것을 보다 발전시키는 좋은 방법이 있다. 이 챕터에서는 인체에 유익한 맥주의 성분에 대해서도 알아본다. 맥주에 대한 선입견을 없애는 좋은 기회가 될 것이다.

맥주잔 고르기

플라스크라도 상관없다. 취하기만 한다면…….
하지만 그렇지 않다. 맥주를 제대로 즐기려면 잔은 중요하다.

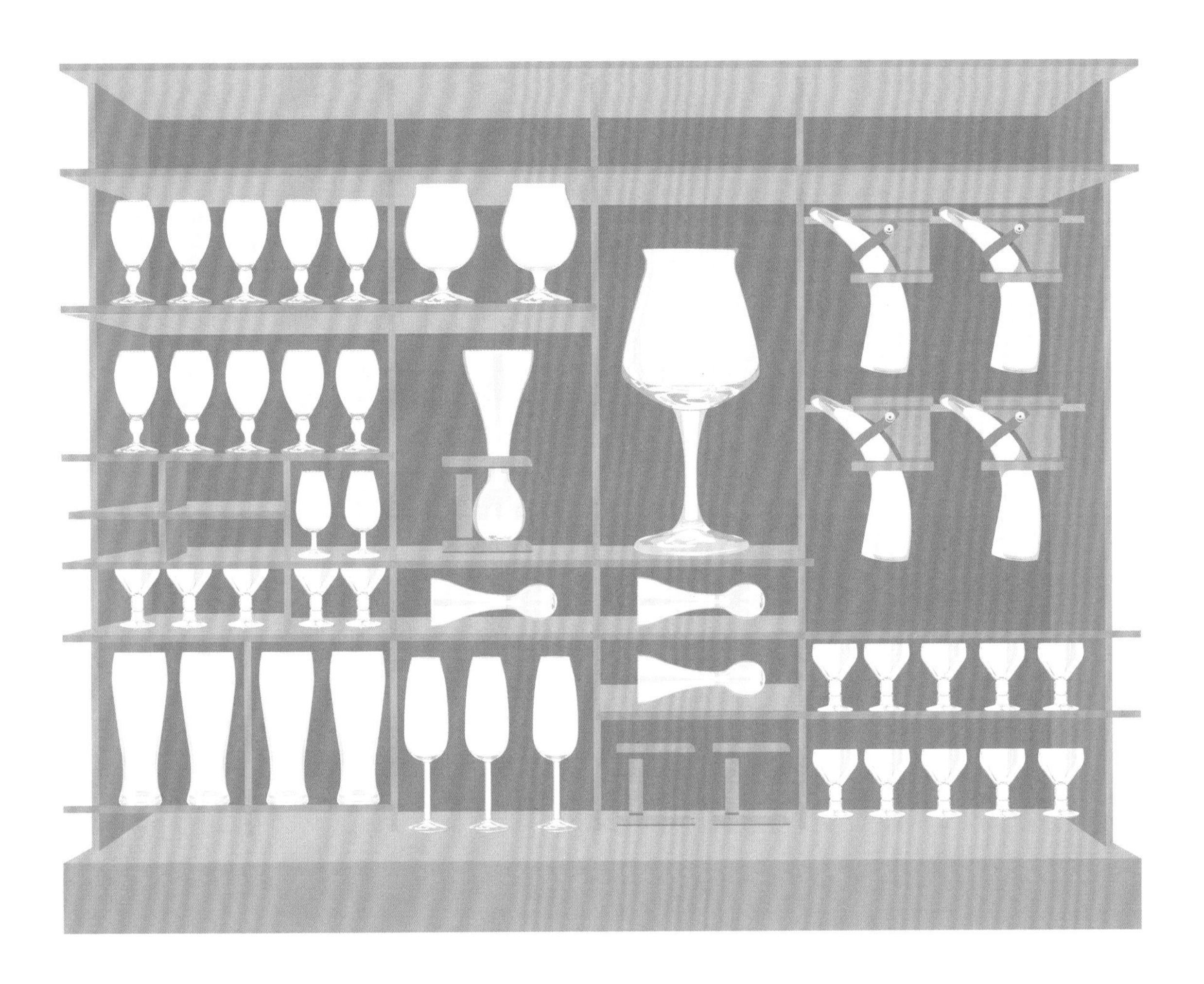

눈이 즐겁다

잔을 선택할 때 중요한 것은 일단 아름다움이다. 보기에 아름다워야 한다. 드레스룸에서 무엇을 입을지 고민을 거듭하는 것처럼, 맥주의 색깔과 잘 어울려서 맥주의 불투명함이나 투명함을 강조해주고, 거품이 아름다운 모양으로 떠오를 수 있게 해주는 형태의 잔을 골라야 한다.

그러나 맛 또한 중요하다

그러나 잔을 고를 때 보다 전문적인 이유 또한 존재한다. 맥주의 거품은 조건에 따라 다르게 만들어진다. 어떤 잔에서는 다른 잔에 비해 생각보다 빨리 가스(이산화탄소)가 빠져나갈 수 있다. 맥주를 마실 때 코로 느끼는 향 역시 중요한데, 부적절한 잔 때문에 맥주 표면에서 터지는 거품에서 전해지는 훌륭한 향을 느끼지 못한다면 너무나 아까울 것이다.

절대 피해야 하는 잔

머그(슈타인)

종종 지나친 음주가 문제시되는 옥토버페스트와 같은 축제에 빠질 수 없는 장식품이다. 단순히 큰 파인트 잔은 괜찮지만, 손잡이가 달린 비어슈타인은 피하는 것이 좋다. 한 모금 마실 때마다 잔을 들어올리기 위해 팔운동을 해야 하는데다, 매번 어쩔 수 없이 더 마시게 된다. 잔 내벽이 수직이어서 가스가 빨리 빠지고, 잔이 두꺼워 맥주에 해로운 잔열도 빠지지 않는다. 이렇게 비어슈타인에 담긴 맥주는 슬픈 결말을 맞이하게 된다.

플라스틱 컵

받아들여야 한다. 축제에서는 맥주보다 음악이 중요하고, 여기서 맥주를 맛있게 만들어주는 것은 플라스틱 컵이 아니다. 재활용이 가능한 컵은 소수성(물과 화합되지 않는 성질) 물질로 만든다. 여기에 맥주를 따르면 거품이 거칠어져서 어떤 맥주든 맛없게 만든다. 일회용 컵은 맛은 약간 덜 나쁘지만, 환경을 오염시킨다. 스스로를 존중하고 맥주를 존중하라. 그냥 물을 마셔라.

믿을 수 있는 잔

여러 용도의 잔

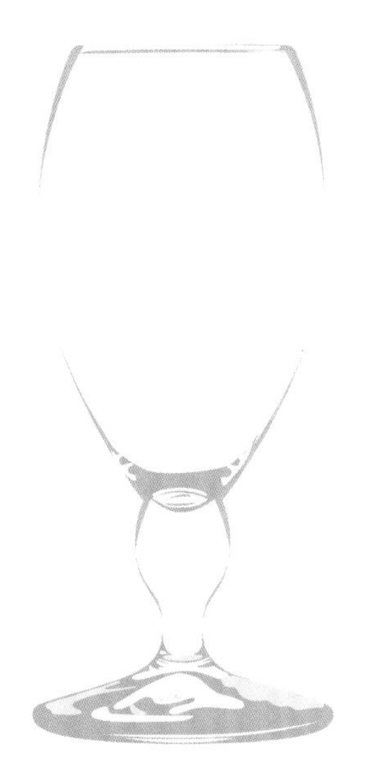

드미(Demi) 글라스

카페에서 사용하는 잔으로 테라스에서 주문하는 '드미 한 잔(250㎖)'의 주인공이다. 대중적이고 폭넓은 신뢰를 받고 있다. 필스너처럼 탄산염이 풍부한 맥주에 잘 어울린다.

테쿠(Teku)

상표로 등록되어 있는 이 잔은 독특하고 현대적인 디자인으로 몇 년 만에 맥주바의 인기 아이템이 되었다. 잔 입구가 좁아져서 향에 집중할 수 있고, 둥근 아랫부분은 필요한 경우에 손으로 쥐고 온기로 데울 수도 있다. 모든 맥주 스타일에 어울리는 훌륭한 절충안이다.

튤립형 글라스

와인잔에 콤플렉스를 가질 필요는 없다. 튤립형 글라스는 테이블 글라스나 이나오(INAO) 테이스팅 글라스 버전으로 마치 위스키를 시음하듯 맥주를 완벽하게 시음할 수 있다. 좁은 입구는 향을 집중시키며, 잔의 형태는 맥주를 입안으로 깔끔하고 안정적으로 흘려넣을 수 있게 도와준다. 품위를 지키며 조금씩 맥주를 마실 수 있게 해주는 잔이다.

복잡한 잔

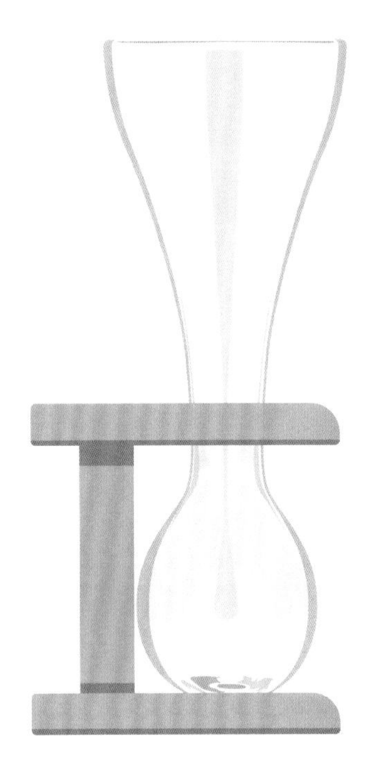

파우웰 콱(Pauwel Kwak) 전용잔

전해오는 이야기에 따르면, 이 잔의 독특한 모양은 맥주잔을 말의 편자에 걸어두기 위한 것이었으며, 덕분에 마부들은 마차에서 내리지 않고도 맥주를 마실 수 있었다고 한다. 마케팅 목적으로 개발된 이 아름다운 잔은 사실 편리하다거나 맥주의 맛을 살려주지는 않는 대신 사람들의 시선을 사로잡고, 마시다가 흘려서 셔츠를 망쳐놓을지도 모른다.

챌리스(Chalice)

이 잔에서 실용성을 찾기는 힘들다. 우선 형태에서 더블이나 트리플 비어를 만드는 수도원의 느낌이 난다. 무겁고, 보통 가장자리가 두껍기 때문에 입술에 닿는 느낌이 좋은 편은 아니다. 입구가 활짝 열려 있어 가스가 빨리 빠져나가는데다, 향이 코에 닿지 않고 하늘을 향해 그대로 흩어져 버린다.

뿔잔(각배)

유리로 된 것이 가장 흔하기는 하지만, 진짜 뿔로 만들어진 잔도 존재한다. 신비한 고대의 영웅이 된 듯한 기분으로 맥주를 마시는 것은 분명 재미있는 일이다. 그러나 유리잔과는 달리 누구도 테이블 위에 맥주를 가득 채운 뿔잔을 올려놓지 않는다. 그렇기 때문에 자꾸 마시게 되고, 결국에는 너무 많이 마신 나머지 손에서 미끄러진 잔이 바닥에 떨어져 깨지게 된다.

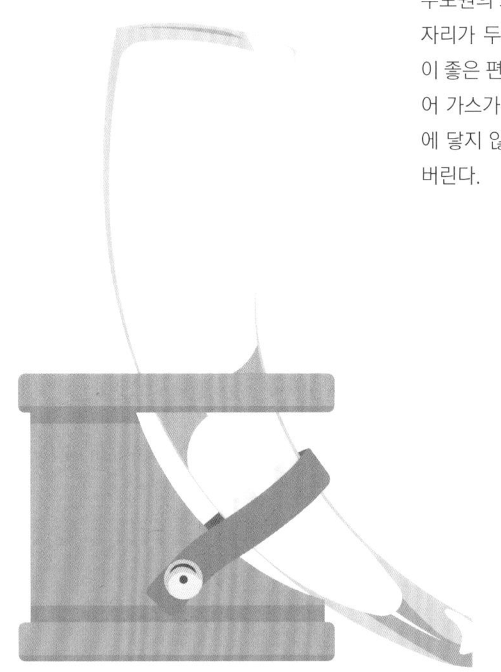

우아한 잔

플루트(Flute) 샴페인글라스

맥주에도 우아함이 있다. 인디아 페일 에일(IPA)이나 윗비어를 플루트 샴페인글라스에 즐겨보자. 길쭉한 잔 모양이 가벼운 거품과 맥주의 색깔, 기포를 잘 보여준다. 게다가 용량이 적어 맥주를 좀 더 오래 신선하게 마실 수 있다.

바이젠(Weizen) 글라스

아름답게 디자인된 독일 잔으로, 200~500㎖ 용량으로 나뉜다. 밀로 만드는 바이젠비어의 표준 잔이다. 맥주의 빛나는 투명함이나 예쁘게 흐려지는 모양, 아름다운 갈색을 즐기기에 적합하며, 표면에 밀도 높은 거품층을 만들어준다.

스니프터(Snifter)

눈 내리는 겨울밤을 상상해보자. 벽난로 앞 가죽소파에 영국 귀족처럼 차분하고 고고하게 앉아 평온하게 발리 와인이나 임페리얼 스타우트를 마시는 당신의 모습을.

맥주 서빙

어떤 격식을 마스터해야 하는 것은 아니다.
그러나 맥주 서빙의 좋은 방법을 알면 맥주를 최상의 상태로 즐길 수 있다.

이상적인 온도?

많은 양조업체들이 적정 음용온도를 표시하고 있다. 그러나 진지하게 말하건데, 맥주에 온도계를 담가보는 사람은 없을 것이다. 온도는 맥주의 스타일에 따라 최적의 음용 조건을 만들기 위한 하나의 지침이다. 모든 경우에, 맥주는 매우 차가운 상태로 마시기 시작하는 것이 그 반대보다는 낫다. 온도는 서빙할 때 5℃에서 시작해 이후 서서히 상온에 도달하게 된다.

6~9℃	라거, 필스너, 블랑슈, 괴즈 …….	병 표면에 작은 물방울이 맺혀 있는 상태.
9~12℃	트리플, 비에르 드 가르드, 페일 에일, IPA …….	병을 만지면 차가운 상태.
12~15℃	임페리얼 스타우트, 발리 와인 …….	병을 만지면 상온보다는 시원한 상태.

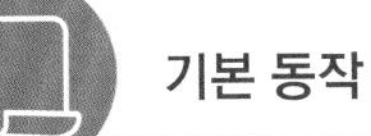

기본 동작

맥주 서빙은 제대로 격식을 갖춰서 할 수도 있고, 정반대로 단순함을 선호할 수도 있다. 두 경우 모두 먼저 잔을 고른다. 잔을 시원하게 만들기 위해 찬물에 헹구는 것도 괜찮다. 잔과 맥주병을 모두 기울이고 잔을 천천히 세우면서 맥주를 따른다. 마실 준비가 된 맥주라면 표면에 거품층이 생겨 아름다운 장식이 된다. 이 거품에는 맥주의 모든 풍미가 녹아 있다. 만약 여과와 살균을 하지 않은 맥주라면 병 바닥에 조금 남은 맥주는 따르지 않고 나머지 효모와 함께 그대로 둔다.

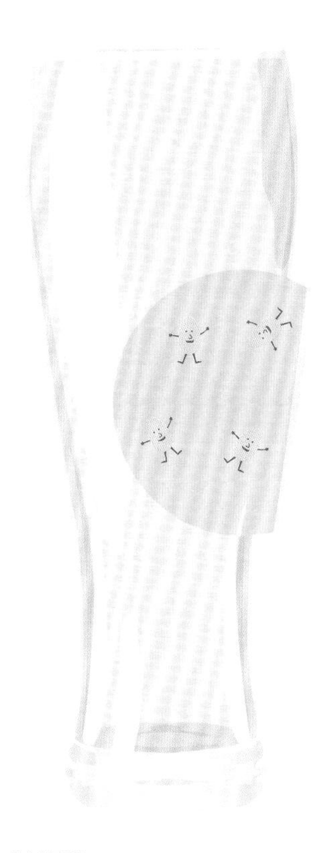

효모를 마신다?

모든 것은 취향의 문제이다. 독일의 바이젠비어는 전통적으로 효모와 함께 마시는데, 이것이 맥주에 가벼운 텍스처를 만들어주는 역할을 한다. 바이젠비어를 서빙할 때는 잔에 먼저 맥주 2/3병을 따르고, 나머지 1/2을 흔들어 섞은 다음 잔에 마저 붓는다.

벨기에에서도 효모는 맥주의 향을 담당하는 중요한 요소이다. 심지어 한 양조장에서는 두 번째 시음에 효모가 든 작은 잔을 내놓기도 한다.

싫든 좋든 효모에는 비타민 B가 풍부해 피부, 손톱, 머리카락에 도움이 된다. 살아 있는 미생물이기 때문에 장내 박테리아가 균형을 이룰 수 있게 도와준다.

병째 마신다?

만약 맥주가 평범하고 그저 갈증을 풀기 위해서라면, 병째 마셔도 안 될 것은 없다. 그러나 만약 아무 맛도 느껴지지 않는 그저 그런 필스너가 아니라면 잔을 찾으러 가는 편이 낫다. 좁은 주둥이로는 병 속에 갇혀 있는 맥주의 향 모두를 느낄 수는 없기 때문이다. 다른 한편으로, 거품은 잔에 따를 때보다 병 안에서 더 세게 일어난다. 풍부한 거품은 혀와 미뢰를 흠뻑 적시는 경향이 있어서 맥주의 맛을 상대적으로 덜 느끼게 된다. 마지막으로, 함께 마시는 친구가 장난치느라 자신의 병 바닥으로 당신의 병 목을 쳐서 거품이 흘러넘쳐도 그저 당할 수밖에 없다.

맥주, 어디에서 마실까?

맥주는 거리 곳곳에서 찾을 수 있고, 맥주를 파는 곳도 많다.
그러나 그 맥주들이 다 같지는 않다.

동네 바에서

집에서 가까운 동네 바

프랑스 전역에 약 3만 5,000개가 존재하는 바는 하나의 표준이라고 할 수 있다. 맥주가 미끼상품의 역할을 하는 경우가 많기는 하지만, 가끔 맥주와 그 기본적인 특성을 바의 직원이 전혀 모르고 있는 것에 아연실색하게 되는 경우도 있다. 대부분의 바는 물류를 공급하는 대기업과 계약되어 있고, 이들 대기업은 공급을 독점하는 대가로 설비와 집기 대여 및 관리를 제공한다. 결과적으로 바가 달라도 기존의 벨기에 필스너 위주로 조합하여 제공하는 것은 같다.

완만한 개선

느리지만 좋은 방향으로 발전이 이루어지고 있다. 일부 바들은 지역에서 생산된 제품이나 보다 다양한 종류의 맥주를 공급받기 시작했다. 또한 대기업의 크래프트 맥주업체 인수는 공급을 더 넓히고, 다양화할 것이다.

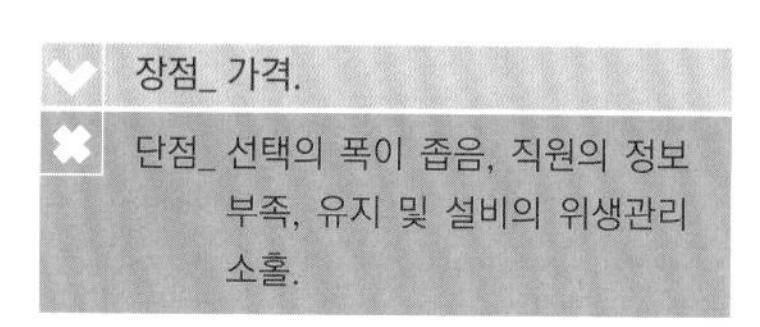

맥주 전문 바에서

퀄리티와 까다로운 요구에 대한 관심

얼마 전까지만 해도 드물었지만 크래프트 맥주바는 오늘날 전 세계적으로 성업 중이며, 까다로운 대중들을 결속시키고 있다. 이런 가게는 보통 맥주에 대한 열정을 가진 사람들이 운영한다. 이들은 마치 정글처럼 혼란스러운 맥주 스타일 때문에 결정을 못하는 초심자들을 인도하거나, 맥주에 밝은 애호가들과 특이한 맥주를 숭배하는 맥주광들에게 희귀 제품을 추천하는 역할을 한다. 맥주 전문 바들은 보통 신선한 맥주, 설비의 완벽한 위생상태를 보증한다. 또한 각종 홍보행사를 통해서도 수입을 얻기 때문에 정기적으로 양조업자들과의 만남을 개최하거나, 요리와 맥주의 페어링을 제안하는 행사를 열기도 한다.

장점_ 선택의 폭, 새로운 발견, 서비스의 질, 다양한 활동.
단점_ 가격.

양조장에서

이상적인 환경

여름철, 테라스가 있는 시골 양조장에 예약을 하고 방문한다. 훌륭한 지역 특산물과 함께 최상의 조건에서 마시는 맥주를 보장받을 수 있을 것이다.

프랑스 밖에서는

독일이나 중부 유럽에서는 야외의 그늘진 비어 가든(beer garden)에서 지역 맥주 외에 브레첼과 샤르퀴트리로 만든 간단하면서도 활력을 되찾아주는 요리를 즐길 수 있다. 미국에는 작은 양조장 내에 레스토랑이 함께 있는 브루펍(brewpub)이 있다. 활기 넘치는 분위기와 향신료, 튀김 위주의 기름지고 푸짐한 북미 스타일 요리를 즐길 수 있다.

장점_ 주변 환경, 맥주와 서비스의 질, 가격.

단점_ 거리(양조장이 바로 아랫집인 경우는 아주 드물다).

집에서

함께하는 즐거운 분위기

집에서는 자유롭게 맥주와 잔을 고르고, 직접 메뉴와 안줏거리를 구성할 수 있다. 만약 친구를 초대했다면 다양한 스타일의 맥주를 준비해 각자의 취향대로 골라 마시게 한다. 누구나 쉽게 마실 수 있는 적당한 가격의 블랑슈를 준비하거나, 또는 맥주를 좋아하지 않는 친구들을 위해 색다른 괴즈를 준비해도 좋다. 각자 즐거움을 찾는 동시에 풍성하게 맛보는 시간을 가질 수 있을 것이다!

장점_ 선택의 폭, 가격.

단점_ 설거지와 청소.

나에게 맞는 맥주

맥주를 좋아하지 않는 사람은 없다. 자신에게 맞는 맥주를 찾지 못했을 뿐.

프레도(Fredo), 술꾼 친구

프레도는 축구 경기장을 나서는 길에, 또는 친구들과의 저녁 파티에서 맥주를 마신다. 그는 여전히 양과 질의 차이를 이해하지 못하며, 미묘하게 다른 점들에 상관하지 않고 '비누즈(Binouze, 맥주를 가리키는 프랑스 젊은이들의 은어)'와 핫도그를 즐긴다. 그에게 중요한 기준은 당분과 알코올 도수이다. 맥주는 맛있거나 맛없거나 둘 중 하나인데, 어쨌든 마신다.

이런 프레도에게 강한 맛을 보여주자. 예를 들어, 잉글리시 IPA는 꽃향기가 감도는 강한 첫 향으로 관심을 끈 다음, 강한 쓴맛으로 공격해 그를 놀라게 할 것이다. 이어지는 드라이한 여운에는 어리둥절해질 것이다. 충격이 지나가면, 프레도는 평소에 마시던 맥주들이 단조롭게 느껴질지도 모른다. 그리고 마침내 맥주의 다양성과, 맥주를 즐기는 또다른 방식에 눈뜰 것이다.

추천 맥주_ 잉글리시 또는 아메리칸 IPA, 비터.

샤를로트(Charlotte), 맥주를 좋아하지 않는 여자친구

샤를로트는 대입시험 결과가 나왔던 열여덟 살의 어느 저녁에 미지근한 맥주를 맛본 적이 있다. 그때의 미지근한 씁쓸함도, 어디에서든 파티의 끝도 마음에 들지 않았다. 그때부터 샤를로트는 12월 31일 자정에는 '샴페인'임을 주장하는 자몽향 로제와인을 마신다. 딱히 마음에 들지도 않고, 맥주는 남자들이나 마시는 것이라고 생각한다.

사실 젊은 여성들이 쓴맛을 좋아하지 않을 이유는 없다. 그러나 샤를로트에게는 약간의 시간이 필요하다. 바이젠비어나, 그와 비슷하지만 향신료향이 조금 나는 벨기에 맥주 윗비어로 시작해보자. 우아한 잔을 골라 거품의 섬세함을 강조한다. 부드러움을 찬양하고, 이 맥주의 여성스러움에 대해 알려주자(물론 말이 되지 않는 이야기로, 다들 알다시피 맥주에는 성별이 없는데다 독일어로 맥주 bier는 심지어 중성명사이다).

추천 맥주_ 바이젠비어, 윗비어, 아메리칸 페일 에일, 사워비어, 크릭.

페르낭(Fernand), 와인만을 믿고 따르는 아버지

페르낭은 와인, 특히 레드와인에 대해 훌륭하고 굳건한 조예가 있다. 그는 자신의 와인저장고에서 발견한 보물을 나누어주는 걸 사랑한다. 그곳에는 위스키나 장인이 만든 브랜디도 있다. 지금까지 페르낭에게 맥주는 오후에 정원 일을 마치고 갈증을 해소하는 수단일 뿐이었다. 그는 맥주병에 담긴 놀라운 맛에 대해 무지하다. 그러나 아직 발견하지 못했을 뿐이다.

페르낭에게는 잘 만들어진 페일 에일부터 권해보자. 몰트의 기본적인 풍미를 느끼고, 그것을 통해 쓴맛도 즐거운 감각일 수 있음을 깨닫게 된다. 계속해서 스타우트로 이어가자. 스타우트의 타닌을 통해 레드와인과 서로 통하는 점을 발견하게 될 것이다. 이렇게 조금씩, 다른 스타일을 발견해 나갈 수 있다.

추천 맥주_ 모든 스타일.

에르네스트(Ernest), 맥주광 친구

어린 시절 에르네스트는 포켓몬 카드를 모았다. 이제 그는 맥주를 모은다. 그는 모든 맥주를 맛보고, 신제품은 사진을 찍어 SNS에 올린다. 양조장을 방문하기 위해 전 세계를 여행하는 그는 팜파스그래스(남미 초원지대가 원산인 갈대 비슷한 풀)를 사용해 그 지역 설치류의 장내 미생물로 발효시킨 파타고니아 크래프트 맥주의 야생적인 맛에 감동했던 기억을 간직하고 있다.

에르네스트를 끝없는 자아도취의 여정에서 벗어나게 하자. 기본으로 다시 돌아와서 잘 양조된 단순함을 맛보게 하는 것이다. 그에게 세종이나 더블 같은 벨기에 스타일 맥주를 권해보자. 쓴맛이 가볍고 허브향이 나며, 효모의 작용으로 만들어지는 과일향에 당분과 곡물이 완벽하게 어우러진다.

추천 맥주_ 세종, 더블, 바이젠비어, 페일 에일, 비터.

알코올

맛을 떠나 알코올은 도수가 높으면 높은 대로, 낮으면 낮은 대로
맥주 애호가들의 관심을 받는다

알코올의 효과는?

알코올은 향정신성 물질로 사람의 지각, 감각, 기분, 의식에 영향을 미친다. 소화기관을 통해 혈액을 타고 체내를 순환한다.

이완의 효과

소량의 알코올은 활력을 주는 효과가 있다. 그 다음에는 빠르게 진정작용이 일어나며 피로감을 가중시킨다. 치유력은 전혀 없지만(그리고 어떤 문제도 해결해주지 않지만), 진통효과가 있어서 통증을 줄여주는 경향이 있다. 그러나 이 때문에 통증의 원인이 가려지는 위험도 있다. 알코올의 이완효과는 도취감을 일으키며, 더 나아가 흥분으로 이어진다. 억제되었던 감정을 풀어주기 때문에 마시는 사람은 수줍음을 잊고 말이 많아지며 긴장을 풀게 된다. 그래서 때때로 최악의 상황이 벌어지기도 한다.

알코올의 위험

술을 마시면 주의력과 반사작용이 떨어진다. 이것이 음주 후 운전을 금지하는 이유이다. 음주자는 자신의 상황에 대한 이해력이 떨어져 스스로를 위험에 빠뜨릴 수 있는 행동을 하게 된다.

알코올이란?

알코올 또는 에탄올은 발효의 부산물이다. 발효과정에서 효모는 살아 있는 상태로 번식을 하고 당분을 소비하여 두 가지 부산물, 즉 에탄올과 이산화탄소를 배출한다. 또한 스트레스를 받는 환경에서 효모는 퓨젤과 메탄올 같은 다른 알코올류를 만들어낸다. 이들은 훨씬 강한 작용을 하는데, 일반적으로 입안에서 느껴지는 강한 열감으로 확인할 수 있다.

더워졌다 추워졌다

몇 잔 마시고 나면, 더워져서 옷을 하나씩 천천히 벗다가 결국에는 한겨울에 셔츠 하나만 입고 있기도 한다. 알코올은 몸에 열감이 돌게 하면서 혈관을 확장시키는 작용을 한다. 그러나 이 감각은 표면적인 것으로 우리 몸이 받아들일 수 있는 온도에는 한계가 있다. 때문에 곧 추위를 느끼게 되고, 결국은 바보같이 감기에 걸려 몇 날 며칠 기침을 하거나 코를 풀어대며 다시는 그렇게 마셔대지 않겠다고 맹세하게 되는 것이다.

탈수

우리는 마신다고 생각하지만, 사실 계속 비워낼 뿐이다. 알코올은 신장의 활동을 조절하는 호르몬인 바소프레신(vasopressin)의 분비를 방해한다. 결과적으로 술을 마시는 사람은 술에 들어 있는 양보다 훨씬 많은 수분을 소변으로 배출하게 된다. 숙취가 생기는 가장 큰 이유가 여기에 있다.

빨리 취하는 사람

어떤 사람들은 알코올을 잘 견디지 못해 첫 잔부터 취할 수 있다. 에탄올을 분해하는 효소를 간에서 아주 적게 분비하기 때문이다.

알코올중독

알코올중독은 알코올 의존증으로 정의된다. 알코올은 (헤로인과 함께) 세계보건기구(WHO)가 발표한 가장 중독성이 높은 물질 가운데 하나이다. 개개인에 따라 나타나는 형태가 다르며 신체적, 유전적 요인 등으로 인해 다양한 경로로 알코올중독에 노출된다. 그러나 모든 경우에 알코올중독은 신체적, 정신적 건강을 심각하게 해친다.

권장사항

보건기구들은 일일 소비량으로 2~3 알코올 유닛(Unit), 즉 250㎖ 용량으로 두세 잔 이상은 마시지 말도록 권장한다. 일반적으로 2 알코올 유닛을 마시면 혈액 1ℓ당 알코올이 0.5g 비율로 남아 있다. 그러나 이는 매우 상대적이며, 알코올을 분해하는 능력은 개인에 따라, 또한 건강상태, 피로도, 영양상태, 체중, 일과 시간대에 따라 크게 달라진다. 때문에 자신의 주량을 알아두는 편이 좋고, 어떠한 경우에도 음주 후 운전은 피한다.

바람직한 습관

알코올 섭취를 이해하는 데 도움이 되는 몇 가지 팁을 소개한다.
언제나 절제가 필요하다.

음식과 함께 마신다

알코올은 위장을 통과한다. 음식은 위장벽을 보호하고 인체에 알코올이 퍼지는 것을 지연시킨다. 따라서 체내 알코올 농도의 급격한 상승을 피할 수 있고, 갑작스러운 취기로 인한 위험을 예방할 수 있다.

물을 마신다

알코올은 신장의 활동을 방해하여 체내의 수분을 많은 양의 소변으로 배출시키는 이뇨현상을 일으킨다. 맥주를 여러 잔 마셔도 달라지는 것은 없다. 수분이 빠져나가므로 규칙적으로 물을 마시도록 한다. 가장 좋은 것은 술 한 잔에 물을 한 잔 마시는 것이다. 그리고 예방을 위해 잠자리에 들기 전에 큰 컵에 물을 마신다. 분명히 잠을 자다가 화장실을 가기 위해 깨겠지만, 두통 없이 말끔하게 일어날 수 있을 것이다.

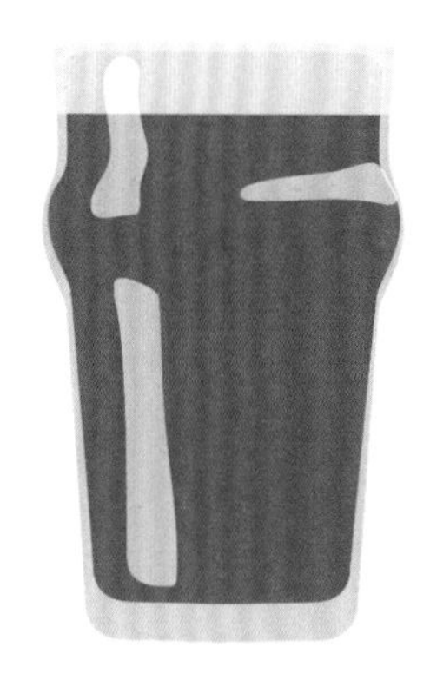

'30분만 더'는 없다

우리 모두 파티는 '마지막 한 잔' 후에 끝난다는 걸 잘 알고 있다. 그리고 이어지는 시간은 어슴푸레한 기억으로 남는다. 큰 소리로 웃다가 약간 혼란스러워지기 시작하고, 좋은 저녁시간을 보냈다면 이제는 멈춰야 할 때이다. 왜냐하면 혈중 알코올 농도는 아직 최고치로 치솟지 않았고, 당신의 위 속에는 곧 흡수될 알코올이 아직 남아 있기 때문이다. 그 이상을 넘어서면 자제력을 잃고 엉망이 될지도 모른다.

올바른 선택을 한다

맥주를 마시는 데 정해진 규칙은 없다지만, 그래도 파티의 마지막에 가장 도수가 높은 맥주를 남겨두는 상황은 피해야 한다. 발리 와인, 임페리얼 스타우트 또는 트리플의 향은 때로 섬세해서 입이 텁텁할 때 마시면 그 향을 느끼기 어려울 수도 있다. 마무리로는 좀 더 가벼운 맥주를 준비한다. 베를리너 바이세의 산미는 파티의 끝을 알리며 당신을 깨워줄 것이다.

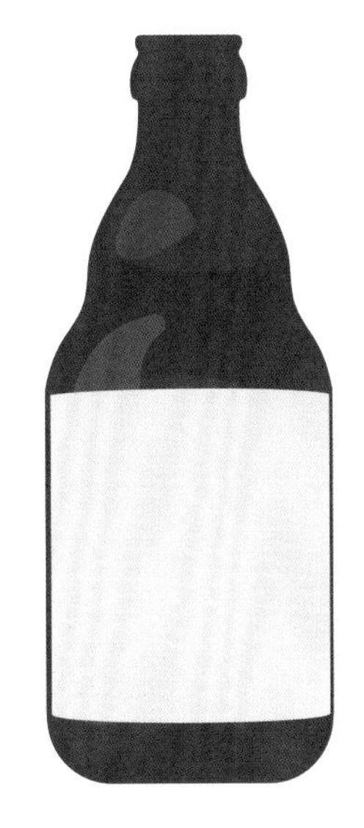

알코올의 맛이 지나치게 강하면 피한다

기본적인 알코올인 에탄올은 그 자체로서는 맛이 거의 없다. 한편 스트레스를 받은 효모가 발생시키는 퓨젤 알코올은 다르다. 만약 알코올의 맛이 지나치게 강하게 느껴지는 맥주를 만났다면, 너무 오래 붙들고 있지 않는 것이 좋다. 적당한 양을 마셨다고 해도 두통과 소화불량을 일으킬 가능성이 높다.

파티 다음날에는

휴식을 취한다. 당신의 간은 알코올을 분해하기 위해 열심히 일해야 했다. 과음을 했다면 소화에 부담이 될 수 있는 기름진 음식은 피한다. 염분과 미네랄이 풍부한 식품, 채소와 과일을 섭취한다. 단, 너무 신 오렌지주스는 피한다. 침대에 누워만 있기보다는 가벼운 운동을 하는 편이 낫다. 허브티를 마시는 것도 좋다.

의외의 효과

다행스럽게도 맥주에는 알코올만 들어 있지 않다!
성분 중에는 몇몇 유익한 것도 있다.

A

B

효모의 질

양조와 발효 과정은 사용하는 재료에 큰 변화를 일으킨다. 효모는 당분을 섭취하고 많은 양의 비타민 B를 발생시킨다. 또한 살아 있는 미생물인 효모는 장내 박테리아들을 회복시킨다. 이러한 장점들은 여과와 살균을 거치지 않아 효모가 살아 있는 맥주에만 해당한다.

뼈를 튼튼하게 하는 규소

소량의 알코올은 골밀도를 강화시킬 수 있다. 맥주에 풍부하게 들어 있는 규소가 이러한 효과를 더욱 강화시킨다. 또한 홉에 들어 있는 알파산 중 하나인 후물론(humulone)은 뼈세포의 자기파괴를 막는 데 도움이 된다.

C

D

만병통치약 홉

홉은 알코올이나 보리 이상으로 맥주의 중요한 재료이다. 홉에 들어있는 알파산, 플라보노이드 성분은 쓴맛을 내고 맥주를 감염으로부터 보호하며 식욕을 돋우고, 장내 박테리아의 균형에 도움을 준다. 또한 맥주는 근육 이완 및 긴장을 풀어주는 효과가 있어서 힘들게 일한 후 마시는 음료로 인기가 있다. 그리고 홉에는 피토에스트로겐(phytoestrogen), 호페인(hopein)이 들어 있어 갱년기의 불쾌감을 예방할 수 있다.

폴리페놀의 특성

맥주는 곡물의 껍질에서 추출한 타닌의 폴리페놀이 풍부해 항산화효과가 있다. 폴리페놀은 짙은 색의 맥주에 풍부하다. 또한 적정량의 에탄올은 혈액순환에 도움이 되고 혈전 생성을 막아준다.

맥주에 대한 고정관념

맥주의 평판은 점차 나아지고 있지만, 여전히 몇 가지 편견이 사라지지 않고 있다.

"맥주는
남성들의 음료이다."

여성으로 가득한 세계

맥주를 만드는 모든 문화권에는 여성이 있다. 바빌로니아에서부터 앙시앙 레짐(Ancien Régime) 시대 프랑스에 이르기까지, 번창한 맥주 양조장을 경영한 여성들의 자취를 꾸준히 발견할 수 있다. 또한 맥주와 연관된 신성은 거의 언제나 풍요와 다산의 여신들이었다.

빅토리아 여왕의 스타우트

서구 독일어권에서는 심지어 양조 도구가 젊은 여성들의 결혼 지참품의 일부이기도 했다. 가정에서 양조는 여성의 일반적인 가사 노동 중 하나였고, 영국에서는 산업혁명 이전까지 그러한 풍습이 유지되었다. 빅토리아 여왕도 점심에 스타우트 한 잔을 거절하지 않았던 시절이다.

더 섬세한 입맛?

대형 맥주회사들은 여성을 대상으로 시장을 세분화하면서, 터무니없게도 '더 섬세한 입맛'이라는 이름 아래 달고 과일향이 나는 맥주를 제안하고 있다. 그러나 크래프트 맥주 쪽에서는 이러한 생각을 받아들이지 않는다. 게다가 실험을 통해 남성적인, 혹은 여성적인 맛은 오로지 문화적인 배경에서 결정될 뿐이라는 것이 밝혀졌다. 브라스리 티보(Brasserie Thibord)와 브라스리 뒤 파라디(Brasserie du Paradis), 파리의 브루베리 (Brewberry)와 르 쉬페르꼬앙(Le Supercoin) 바와 같은 맥주 관련업체를 운영하는 여성들도 있다.

"맥주의 색은
믿을 수 있는 선택 기준이다."

와인의 나라

어쨌든 여전히 많은 경우에 프랑스에서는 색을 보고 맥주를 고른다. 일반적으로 맥주를 소비하는 문화가 존재하지 않았고, 장기간 공급이 부족했기 때문이다. 북부 지역과 알자스를 제외하고 프랑스는 진정한 맥주 양조의 전통을 발전시킨 적이 없다. 적어도 13세기부터 지역 양조장이 존재했음에도 불구하고 맥주 소비는 와인에 비해 언제나 제한적이었다.

전통의 부족

산업화가 진행되면서 맥주는 19세기 후반부터 인기를 얻기 시작했다. 이후 제품의 품질은 향상되었지만, 생산자나 유통업자들은 맥주 문화가 더 발달된 나라들에서 찾아볼 수 있는 다양한 종류의 맥주들을 모두 들여오지는 않았다. 따라서 프랑스 소비자들은 어쩔 수 없이 색에 따라 맥주를 고르는 습관이 생길 수밖에 없었다.

기준 없는 분류

대형업체들은 소비자들이 길을 잃지 않도록 일정한 기준을 마련했다. 블론드 맥주는 보통 청량하고 갈증을 풀어주는 라거이다. 앰버 맥주는 몰트의 풍미가 보다 진하고 캐러멜의 향이 느껴진다. 브라운 맥주는 쓴맛과 강한 떫은맛이 특징이다. 프랑스 전역에서 볼 수 있는 이러한 분류에 대해 외국인들은 흥미롭게 생각하기도 한다. 사실 색은 건조의 결과로 보리 낟알을 몰팅할 때 불의 세기에 따라 달라질 뿐이다. 이는 부차적인 부분이며, 사실 쓴맛 자체는 색이 아닌 홉의 사용량에 따라 결정된다. 부드러운 달콤함을 가진 검은 맥주를 만들 수도 있으며, 몰트의 맛이 매우 진하게 느껴지는 맥주의 색은 밀짚의 노란색부터 밝은 갈색까지 다양할 수 있다.

"수도원 맥주는 수도승들이 만든다."

정말 고급 맥주일까?

화려한 고딕풍 아치 또는 엄격하거나 인자한 수도승의 이미지가 들어간 광고와 라벨을 통해 수도원 맥주의 '고급스러움'을 내세우는 경우를 자주 볼 수 있다. 소수의 예외를 제외하고는 모두 마케팅일 뿐이다.

트라피스트(Trappist)

'트라피스트'라고 불리는 맥주들은 특정 로고로 구분하며, 시토 수도원(Cistercian)의 규칙에 따라 양조되었거나 관리되었다고 내세운다. 그러나 사실 유럽에서는 특히 수도승들의 평균 연령이 상대적으로 높고, 맥주 생산은 월급 노동자들이 담당하는 경우가 대부분이다. 가장 널리 퍼져 있는 스타일은 더블이나 트리플이지만, 유럽의 기술과 재료만을 사용하는 벨기에의 오르발(Orval) 수도원처럼 다른 스타일을 고수하는 수도원도 있다.

수도원 맥주

게다가 '수도원 맥주'라고 불리는 종류도 있다. 이는 자유롭게 사용하는 명칭이며 규제가 없다. 더블 스타일 맥주인 경우가 많고, 부적절하게도 신뢰감을 주는 고급스러운 이미지를 내세운다. 이들은 대부분 오늘날에는 문을 닫은 옛 수도원의 이미지를 활용하는데, 그 중 일부는 아예 맥주를 생산한 적조차 없다. 수도승이 양조한 유일한 프랑스 맥주는 2016년부터 생산된 생방드리유(Saint-Wandrille)이다.

유명 수도원의 벨기에 맥주

이 명칭 뒤에는 맥주 생산업체가 지금 존재하고 있거나 과거에 존재했던 수도원의 이름을 사용하면서 법적인 권리를 행사하는 현실이 숨어 있다. 대기업인 AB인베브(AB inBev)의 브랜드인 레페(Leffe)의 경우에 해당 수도원은 프랑스 혁명 시기에 파괴되었고, 이 맥주는 본래 수도원이 있었던 자리에서 100km 정도 떨어진 곳에서 생산된다.

인터넷 사이트가 수도원을 압박하다

2005년, 인터넷 사이트 레이트비어(RateBeer)는 세계 최고의 맥주로 같은 이름의 수도원에서 생산하는 벨기에 트라피스트 맥주인 베스트블레테렌 12(Westvleteren 12)를 꼽았다. 수도원 측에서는 온건하게 감사의 뜻을 나타낼 뿐이었다. 사실 엄격한 삶의 방식을 고수하는 수도승들은 이 소량 생산하는 맥주에 대한 갑작스러운 열광에 거의 반응하지 않았다. 가격을 올리지도, 생산량을 늘리지도 않았으며, 예약판매 시스템을 도입하여 전화약속을 통해 한정된 수량을 판매하고 있다. 이 수도원에 평화가 깃들기를 빈다.

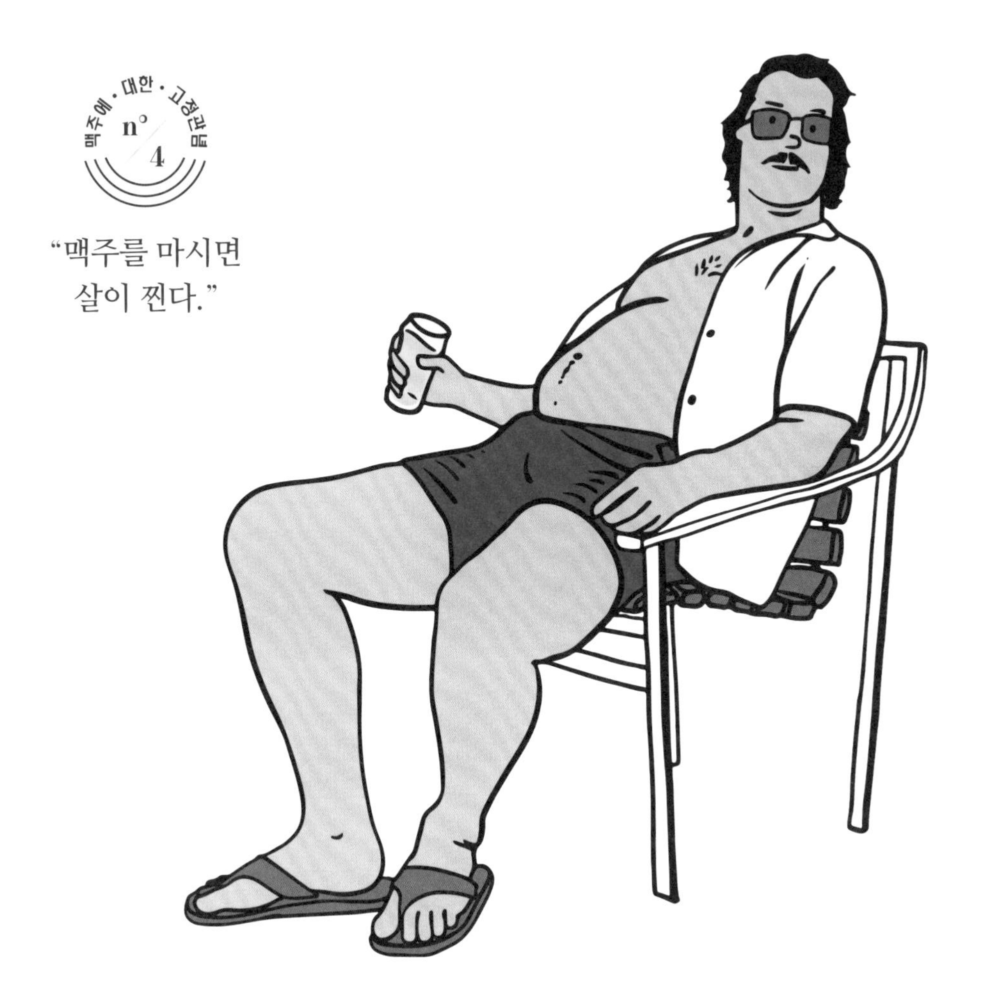

"맥주를 마시면
살이 찐다."

맥주 뱃살

아마도 맥주를 괴롭히는 가장 큰 악명일 것이다. 맥주는 '뱃살', '술살'을 만드는 돌이킬 수 없는 원인일지도 모른다. 사실 맥주 소비는 비만을 일으킬 위험이 없다. 물론 적당히 마신다면 말이다.

맥주 vs 탄산음료

맥주는 기본적으로 물, 알코올, 약간의 잔여당분으로 이루어져 있다. 알코올 도수 5%의 드미 한 잔 250㎖의 열량은 106㎉로 와인 한 잔(120㎖, 86㎉)보다 높지만, 다이키리(100㎖, 131㎉) 같은 타입의 칵테일보다는 낮다. 열량 수준은 일반적인 탄산음료나 흰 빵 한 조각과 비슷하고, 알코올 도수가 5%를 넘는 경우에 열량은 조금 더 올라간다.

포만감

맥주는 특히 홉의 씁쓸한 맛이 포만감을 높여서 마시는 사람이 더 이상 배고픔을 느끼지 못하게 한다. 또한 대량의 설탕이 포만감을 없애주는 탄산음료를 꾸준히 마시는 사람과는 달리, 맥주를 마시는 사람은 맥주에 맞춰 식사량을 조절하는 경향이 있다.

식습관을 체크하자

배가 나올 위험은 과도한 맥주 섭취와 기름진 음식의 꾸준한 섭취가 연관될 때 나타난다. 간은 우선적으로 알코올 분해에 집중하기 때문에 지방이 복부에 쌓이게 되는 경향이 있다. 예를 들어, 땅콩 20g이나 소시지 25g의 열량은 알코올 도수 5%인 맥주 250㎖와 같다.

"알코올 도수가 낮은
맥주는 맛이 없다."

알코올과 맛은 별개의 요소이다

차, 커피, 과일주스, 그 밖에 다른 무알코올 음료들이 잘 보여주는 사실이다. 알코올, 보다 정확하게 말해 에탄올은 맥주 맛을 내는 가장 중요한 요인이 아니다. 알코올 도수를 높이기 위해서는 발효성 물질, 다시 말해 효모가 소비하여 알코올로 변환시킬 수 있는 재료를 더 넣어주기만 하면 된다. 그러한 의미에서 아주 밝은 색깔의 몰트, 심지어 백설탕을 넣는다고 해도 맛에는 큰 변화가 없다. 아무 소용이 없겠지만, 알코올 도수 8% 맥주를 마신다 해도 입안에서는 느껴지는 점이 별로 없을 것이다. 조금 슬픈 취기에 빠져 있지 않다면 지속성에도 거의 영향을 미치지 않는다. 그리고 반대로 알코올 도수가 낮은 맥주라고 할지라도 강한 맛이 두드러질 수 있다.

훌륭한 무알코올 맥주들

이 책의 미각 카드(p.102~103)를 살펴보자. 사용하는 재료, 몰트의 각 품종, 홉, 효모, 생산시 처리방식 등 향에는 수많은 인자들이 존재한다. 알코올만을 고집하는 것은 오히려 대충 접근하는 방식이라고 할 수 있다. 그에 반해 알코올 도수가 낮은 좋은 맥주를 만들기란 정말 어려운데, 아주 작은 결점도 쉽게 느낄 수 있기 때문이다.

훌륭한 품질

다양한 스타일의 맥주를 아주 훌륭하게 저알코올로 만들 수 있다. 세션(session) 맥주는 일반적으로 기존 맥주 스타일을 보다 가벼운 버전으로 만든 것인데, 일부는 알코올 도수가 3% 정도로 점심에 한 파인트(0.57ℓ)를 마시고도 일하러 돌아가는 데 무리가 없다. 세션 IPA는 많은 경우에 생홉을 첨가하여 만드는데, 그 과정에서 더욱 강한 향이 발달한다. 테이블 비어(table beer)라는 종류도 있다. 수십 년 전 프랑스 북부 지역의 중학교에서는 식사시간에 나오는 음료이기도 했으며, 오늘날에는 이를 현대적으로 재해석한 훌륭한 제품들을 찾아볼 수 있다.

"살균하지 않은 맥주는 보관할 수 없다."

크래프트 맥주, 대량생산 맥주

대량생산 맥주는 살균과 여과 덕분에 보존기간이 훨씬 긴 것과는 달리, 크래프트 맥주는 품질이 빨리 변한다는 편견이 있다. 살균된 대량생산 제품이 덜 변하는 경향이 있는 것은 사실이다. 이론적으로 병뚜껑에 손상이 없다면 병입 후 10년은 건강에 아무 문제 없이 마실 수 있을 것이다. 반면에 마시고 맛이 있었다는 이야기도 들은 적이 없다.

위생의 우위

크래프트 맥주는 일반적으로 살아 있는 효모가 들어 있다. 살균과정의 부재는 감염의 위험으로 이어질 수 있다. 그러나 위생은 초소형 양조장들에게 중요한 주제로, 그들은 오랫동안 이 문제에 관심을 보여왔고, 감염 사고는 점점 보기 드물어지고 있다.

빨리 마셔야 한다

저장성을 떠나서 많은 맥주 스타일, 특히 밀맥주를 필두로 하는 가벼운 맥주들과 홉의 향긋한 맛이 중요한 맥주들은 신선식품의 원리를 따를 수밖에 없다. 이 맥주들은 시간이 지나면 불가피하게 맛이 떨어진다. 보통 유통기한이 지나도 마실 수 있는 상태를 유지하기는 하지만, 더 이상 기대하는 품질을 보여주지는 않을 것이다.

이름 있는 양조장

현재 몇몇 소규모 양조장만이 진정한 의미에서 숙성이 가능한 맥주를 생산하고 있다. 임페리얼 스타우트나 발리 와인을 생각해보자. 그 중에서 영국 양조업체인 토머스 하디(Thomas Hardy)에서 생산하는 제품은 매우 훌륭하며, 심지어 20년까지 숙성시키기도 한다.

고대 이집트

파라오 시대 나일강 유역에서는 일상 여기저기에 맥주가 존재했다.

헨케트(Heneqet)

고대 이집트에서 맥주는 이미 중요한 역할을 담당하고 있었다. 이 거대 문명은 나일강 유역에 자리를 잡고 번영했다. 매년 반복되는 나일강의 범람은 충적토를 쌓아 토양을 비옥하게 했고, 그 결과 곡물과 과일을 놀라울 정도로 생산할 수 있었다. 매일 마시는 '헨케트'라는 맥주는 당시 전염병의 온상이었던 물과는 달리 영양분이 풍부하고 치유와 강장 효과를 갖고 있었다.

파라오의 궁전에서는 헨케트의 상위 버전으로 맛이 더 강한 음료를 마셨는데, 고대 그리스인들은 이것을 '지툼(zythum)'이라고 불렀다. 지툼에는 사용법과 목적에 따라 설탕, 향신료, 향료를 넣을 수 있었다. 오늘날에도 이집트에서 찾아볼 수 있는 '보자(boza)'는 알코올 도수가 낮고 신맛이 나는 보리 음료로, 고대 헨케트의 직계 조상이기도 하다.

고대의 증언

맥주 단지가 함께 묻혀 있거나 장인들의 일을 묘사한 상형문자가 그려진 여러 고분을 연구한 덕분에 우리는 고대 이집트 제국의 양조과정을 알 수 있다. 이집트 사카라에 있는 제5왕조의 궁정 미용사였던 티(Ti)의 무덤에는 싹튼 보리와 밀가루를 발효시켜 빵을 만드는 것부터 단지에 밀봉해 보관하는 것까지 모든 양조과정이 묘사되어 있다. 당시에는 이미 가내 생산을 넘어선 대형 맥주집이 존재했다. 보통 운영자는 여성이었으며, 품질이나 맥주의 세기에 따라 유명세를 누렸다.

하루 일당, 맥주 4ℓ

고대 이집트 문명은 파피루스를 통해 우리에게 일상품으로서의 맥주에 대한 무수히 많은 기록을 남겼다. 이 파피루스에는 각 사회계층의 1인당 맥주 소비량뿐만 아니라, 각기 다른 맥주 스타일과 사용한 재료의 품질까지 기록되어 있다. 또한 외교관들도 자신들의 본국이 얼마나 중요하게 판단되는가에 따라 각자 다른 대접을 받았다. 파라오에게 술을 올리는 일을 담당했던 궁정 관리들은 군대나 행정처에서 훌륭한 커리어를 쌓아나갈 수 있었다. 양조업자들 가운데 일부는 심지어 파라오 옆에 묻히기도 했다. 노동자들에게 맥주는 빵, 기름, 채소, 향신료와 함께 임금의 일부(일당 4ℓ)였다. 이집트 사회에서 노예 없이 일반 국민들이 피라미드를 쌓는 데 맥주 수십억 ℓ가 들었을 것이다.

종교 속 맥주

이집트 문명에서 주요 일상용품이었던 맥주는 종교와도 깊이 연관되어 있었다. 오시리스 신은 인간에게 맥주를 만드는 기술을 가르쳤고, 술에 취하는 것은 신의 세계에 가까워지는 것으로 여겨졌다. 사람들이 맥주를 마시고 토하는 축제조차도 풍요와 번영의 의미로 받아들였다. 태양신 라(Ra)는 사자 머리를 한 여신 세크메트에게 맥주를 마시게 하여 인류를 파멸시키려던 계획을 포기하게 만들었다. 도덕가들이 이러한 타락에 반대하고 나선 것은 한참 후 람세스 시대(제18왕조)에 이르러서였다.

CHAPTER

N° 4

맥주 시음하기

마신다는 것은 액체를 흡수하는 일이다. 맛본다는 것은 맥주를 뇌로 느끼는 일이다. 모든 감각을 동원하는 총체적인 경험으로서 이미지와 기억을 떠오르게 한다. 맛을 구분하는 방법을 배우는 것과 동시에 그 원인을 이해해 나가면, 아마 당신은 좋아하거나 싫어한다고 생각했던 것에 대해 다시 질문하게 될 것이다. 그러나 이렇게 하려면 새로운 경험에 대한 호기심과 열정이 필요하다.

시음의 주관성

분명히 시음은 시각과 후각, 그리고 당연히 미각을 기준으로 한다.
그러나 문화에 따라, 사람의 기호에 따라 결정적인 영향을 미친다.

문화적 환경

각각의 시음 뒤에는 문화적 배경이 있다. 맥주는 나라마다 다소 다른 대접을 받는다. 독일 문화권이나 영미권 지역에서는 높은 평가를 받고, 전반적으로 와인을 선호하는 프랑스에서는 푸대접을 받는다. 더군다나 맛에 대한 이해는 식문화에 따라 달라진다. 스타우트나 포터를 마시며 서양인은 커피나 카카오의 맛을 느끼는 반면, 일본인은 미묘한 간장의 맛을 찾아낸다.

경험

맥주가 처음부터 좋게 느껴지는 경우는 드물다. 쓴맛은 시간이 지날수록 좋아지는 맛이다. 한번 이 강한 감각에 익숙해지면 부드럽게 입안을 채우는 느낌, 몰트의 단맛, 발효로 만들어지는 과일향을 식별하기 시작한다. 그 다음에는 몇 년 전까지만 해도 꺼리던 음료를 열렬히 원하게 된다. 호기심이 당신을 이끄는 것은 그때부터이다.

육체적 '도구'

모든 사람이 이런저런 맥주에 대한 당신의 열정에 공감하지 못한다 해도 걱정할 필요는 없다. 자연에 존재하는 모든 맛과 향을 모두가 같은 방식으로 받아들이지는 않는다. 예를 들어, 아스파라거스를 먹고 난 후의 소변 냄새를 생각해보자. 대부분의 인간은 이 특징적인 강한 향을 지각한다. 그러나 일부에게 그 냄새는 아예 존재하지 않는 것이다. 후각 민감성은 후각망울 안에 존재하는 수용체와 관련이 있다. 그런데 일부 사람들은 유전적인 요인이나 사고로 인해 이 수용체를 갖고 있지 않다. 잘 알려지지 않았지만 미각이나 후각에도 일종의 색맹이 존재하는 것이다. 사람들마다 기호가 다른 것은 이러한 이유에서다.

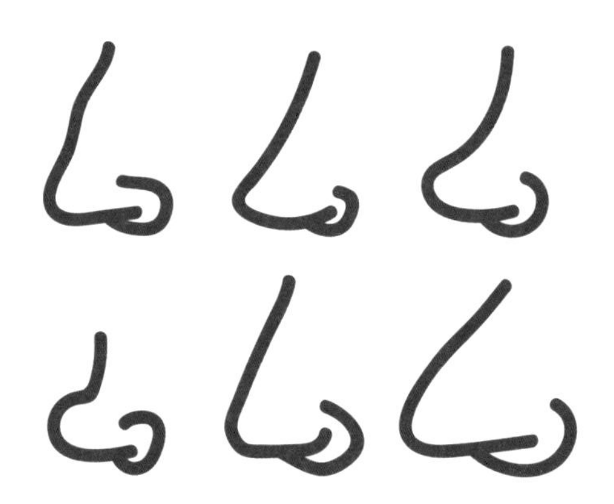

맛의 연결고리

맛에는 연결고리가 있다. 아름다운 여름날 오후 끝무렵에 마시는 시원한 필스너만큼 좋은 것은 없을 것이다. 그런 상황에서 임페리얼 스타우트는 부적절한 선택이다. 맥주를 마시는 것은 모든 감각과 의식을 불러일으키는 완전한 경험이다. 게다가 멋진 잔에 따라서 친구와 함께 마신다면 더할 나위 없다. 또한 당신은 매순간 달라진다. 맥주의 맛은 당신이 감기에 걸렸는지, 건강상태가 어떤지에 따라 다르게 느껴진다. 나쁜 기분, 피로 또는 즐거움 역시 영향을 미친다. 기후의 영향도 무시할 수 없다. 심지어 습도마저도 세세하게 작용한다. 생홉을 사용하여 홉의 아로마를 강화한 IPA를 마실 때는 습기가 많아 묵직한 대기에서보다 건조한 공기에서 향이 좀 더 자유롭게 퍼진다.

요리와의 조합

잘 알려져 있다시피 요리는 맥주 맛에 영향을 미친다. 일차적으로 모든 것은 생리학과 관계된 문제이다. 침 분비와 pH지수는 인간의 지각에 영향을 미친다. 어떤 식재료들은 맥주가 가진 일부 맛보다 강하게 느껴지고, 또 다른 식재료들은 맥주의 다른 요인들을 드러내기도 한다. 어떤 맥주는 다양한 식재료와 어울리는가 하면, 특정 분류의 식품과 친밀하게 어우러지는 맥주도 있다. 몇몇은 독특하게도 요리와 조합할 때 맛이 더욱 두드러진다. 예를 들어, 훈제 몰트가 들어간 세종은 맛있는 슈크루트(잘게 썬 양배추를 화이트와인에 절인 요리)와 마실 때 강한 맛이 배가된다.

눈으로

맥주를 시음하기 전에 시각적으로 살펴보는 것 역시 하나의 이야기이다.

뇌

뇌는 가장 먼저 시음을 하는 기관이다. 단순한 수분 흡수를 넘어, 맥주 마시기는 먼저 기다림에서 시작해 이해와 시각적 관찰을 거쳐 말 그대로 시음 자체로 들어가는 총체적인 감각의 경험이다.

병 모양

맥주와의 첫 대면은 디자인과 그래픽아트에서 시작된다. 맥주 자체는 빛이 닿지 않게 병입된 액체이다. 가장 먼저 맥주병부터 보게 되는데, 목이 높은 롱넥(longneck) 병부터, 보통 벨기에 트리플에 사용하는 짧고 통통한 슈타이니(steinie) 병까지 모양이 다양하다. 일부 양조장에서는 독창적인 모양의 병을 사용하기도 하는데, 오르발(Orval) 수도원의 병은 물방울 형태로 특별한 맥주를 위한 훌륭한 병이다.

라벨 디자인

법적 고지사항과 기술적인 사항들을 떠나 라벨은 또다른 이야기를 들려준다. IPA의 신화적인 기원은 코끼리와 돛단배의 이미지로 표현되는 경우가 많다. 파리의 브라스리 갈리아(Brasserie Gallia)는 19세기에 세워진 같은 이름의 양조장 일러스트를 사용한다. 그런가 하면 다른 양조장들은 자신들의 제품에 보다 현대적인 터치를 더하기 위해 유명 타투이스트들의 도움을 받기도 한다. 짧은 몇 줄을 읽더라도 맥주 애호가들은 이성적인 판단을 넘어서 매혹당하기를 원하기 때문이다.

효모 슬러지(Sludge)?

여과와 살균을 거치지 않은 맥주로 죽은 효모의 침전물이 들어 있다. 때문에 효모 침전물이 섞이지 않게 병을 세워서 보관하는 것이 좋고, 마시다가 마지막에 조금 남은 맥주는 병 안에 그대로 둔다.

맥주의 색

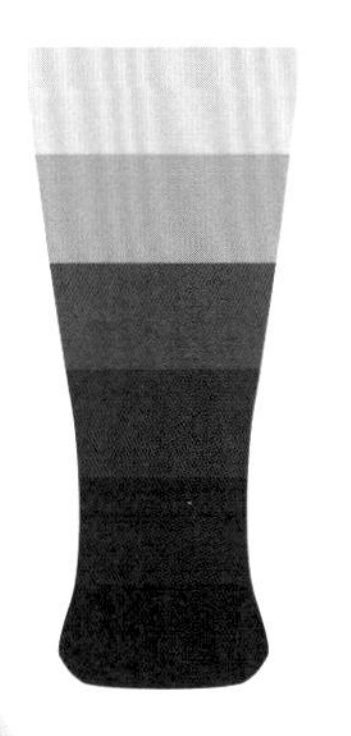

다시 말하지만, 색은 맥주 맛을 이해하는 데 신뢰할만한 지표가 못 된다. 색은 몰트에서 나온 맛을 보여줄 뿐이며, 홉이나 발효가 만들어내는 맛은 나타내지 못한다. 그럼에도 불구하고 색이 나타내는 몇 가지 기준은 존재한다. 색이 매우 옅은 블론드 맥주는 곡물의 맛이 나지 않을 가능성이 높고, 청량감을 강조하는 경우가 더 많다. 노란 밀짚 색깔부터 구릿빛이 살짝 감도는 호박색에 이르기까지 좀 더 짙은색의 맥주들은 몰트의 맛이 나는 경우가 많고, 캐러멜, 비스킷, 견과류의 향이 지배적이다. 어두운 색의 맥주들은 구운 향, 커피, 초콜릿 등의 클래식한 향이 매우 다양한 강도로 나타난다.

점성

색깔은 맥주의 당분에 대해서는 나타내지 않지만, 맥주를 따를 때 알 수 있는 것도 있다. 매우 진한 임페리얼 스타우트나 일부 트리플은 마치 시럽처럼 더 묵직하게 흐른다. 이것이 임페리얼 스타우트를 종종 '페트롤(석유)'이라는 별명으로 부르는 이유이다. 진한 색깔뿐만 아니라 점성 때문에 잔에 따라보면 이 맥주들은 안쪽 벽에 다리 모양으로 흘러내리는 자국을 만든다.

거품

거품은 맥주에 고급스러움을 더해주고, 알아볼 수 있는 사람에게 몇 가지 정보를 알려준다. 거품의 모습과 기술적인 특성에는 많은 요인들이 작용하는데, 특히 사용된 원재료의 영향이 크다. 몰팅하지 않은 곡물을 첨가하면 거품이 아주 곱고 섬세하며, 더 강하게 일어난다. 귀리는 기름지기 때문에 거품이 더 오래 유지된다. 홉은 수지가 풍부해 거품의 장력을 유지시킴으로써 맥주의 탄산 기포를 좀 더 오래 유지시킨다.

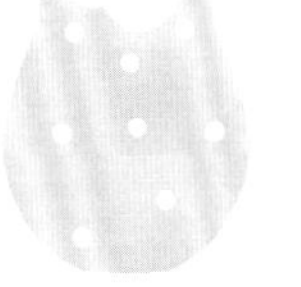

투명도

일부 맥주에서 불투명함은 정상적인 현상이다. 예를 들어 바이젠비어는 밀에서 나온 단백질이 포함되어 있어 불투명하다. 그러나 대부분의 다른 스타일 맥주에서 불투명함은 달갑지 않은 징조이다. 불빛 앞에 맥주병을 두고 맥주가 맑은지 흐린지, 투명한지 불투명한지, 윤기가 도는지 그렇지 않은지를 관찰한다.

코로

입으로 마시기 전에 향으로 맥주를 즐긴다.

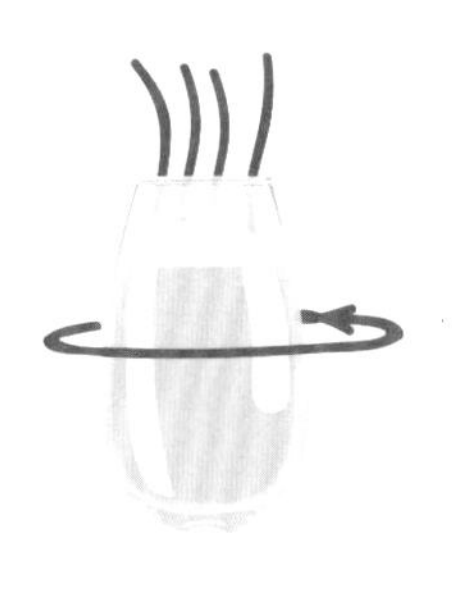

냄새를 맡는다

향을 모을 수 있도록 입구가 살짝 좁아지는 형태의 잔을 고른다. 맥주를 따르고 잔을 가볍게 돌리면서 흔든다. 숨을 들이쉬려고 하지 말고 짧게 '킁킁'거리듯 가볍게 향을 맡는다. 서로 다른 향기를 구분하려고 시도하면서 여러 번 반복한다.

온도

온도는 시향할 때에도 중요하게 작용한다. 스타우트를 마실 때 커피향과 구운 향은 즉각적으로 느껴진다. 저온에서는 실질적으로 이 두 가지 향밖에 느낄 수 없는 경우도 있다. 스타우트가 가진 초콜릿향은 온도를 좀 더 높여야 느낄 수 있다.

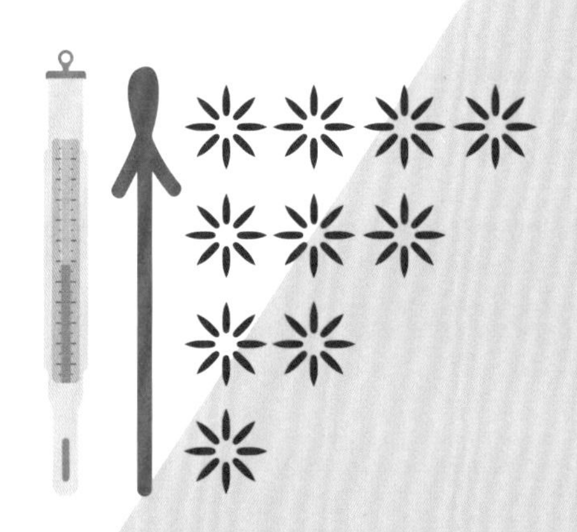

냄새 분자

맥주에는 수천 가지의 냄새 분자가 포함되어 있을 수 있다. 이 분자들은 입이나 코, 또는 이 두 감각기관 모두에서 지각할 수 있다. 그 중에서 일부는 자연적으로 공기와 닿으면 퍼지고, 거품이 있는 맥주의 경우에는 더욱 빨리 퍼진다. 냄새를 맡는 행위는 이 냄새 분자들을 잡아내는 것이다. 냄새 분자는 비강을 거쳐 신경세포가 촘촘히 분포되어 있는 부위에 도달하는데, 이곳은 '후각망울'이라는 기관과 연결된다. 이 기관이 뇌로 신호를 보낸다.

상상력

분석된 모든 냄새 분자 중에서 일부는 뇌에 저장된 기억을 이끌어낸다. 블론드 맥주를 마실 때 더운 날씨와 식물의 향을 느꼈다면, 수확 전에 곡식으로 가득 찬 들판이 쉽게 떠오를 것이다. 당신의 분석 속에서 망설이지 말고 상상력을 발휘해보자. 고칠 필요도 없다. 기억 속을 헤엄치며 이미지와 기억을 떠올려보는 것이다. 행복했던 기억도, 그렇지 않은 기억도 있을 수 있다. 마르셀 프루스트(Marcel Proust)의 소설『잃어버린 시간을 찾아서』에 나오는 마들렌을 생각해보자. 예를 들어, 맥주의 유황 냄새는 보통 중대한 결함이 있다는 뜻이지만, 어린 시절 시골에서 닭장을 구경하던 즐거운 기억을 상기시킬 수도 있다.

적힌 대로 생각할 필요는 없다

최근에 크래프트 맥주들은 라벨에 제품의 맛에 대해 적는 경향이 있다. 흥미로운 정보이지만, 상대적으로 생각할 필요가 있다. 잘 알려진 캐스케이드 홉 특유의 자몽향은 캘리포니아에서 재배된 품종의 향에 해당한다. 다시 말해 유럽에서 팔리는 품종과는 맛과 향의 성질이 다를 수 있다.

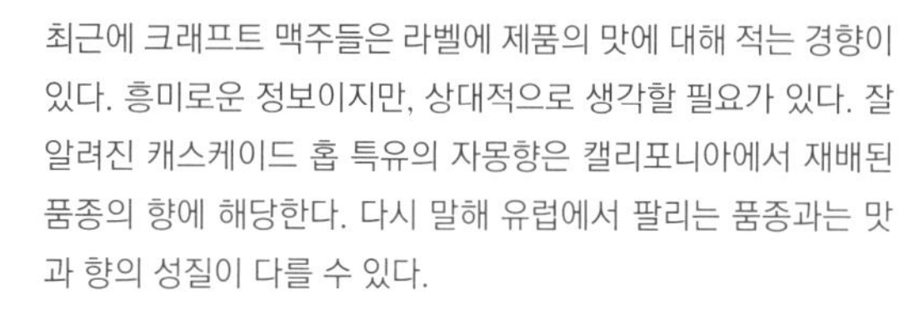

당황하지 말자!

친구가 격찬하는 맥주에 대해 자신이 별 느낌이 없다고 걱정하지 말자. 내기가 아니라 맥주이고, 즐거우면 그만이다. 수렵 채집인이나 해당 분야의 전문가가 아닌 이상, 당신의 감각기관에서 후각이 가장 발달했을 가능성은 별로 없다. 뇌는 새로운 신경망을 만들어가며 훈련할 필요가 있다. 뇌는 조금씩 냄새를 구분하고, 분류하며, 인식하는 데 익숙해진다. 감각적 분석은 보기보다 정말 어려운 훈련이다. 그리고 맥주를 열 잔 정도 시음할 경우에는 더 이상 훈련이 불가능할 수도 있다.

후각을 리셋한다

몇 종류의 맥주를 맛본 후 더 이상 별다른 느낌을 받지 못한다면? 심각할 필요는 없다. 당신 뇌에서 후각을 담당하는 부분이 너무 많은 정보가 입력되자 파업을 벌이고 있는 중이다. 간단한 집중훈련을 해보자. 유명한 소믈리에들은 와인 시음 중에 후각을 되살리기 위해 종종 커피원두를 사용한다. 더 간단하게는 당신의 손 냄새를 맡아보거나, 더 강하고 익숙한 냄새를 맡아보면 된다.

입으로

맥주를 마시는 순간, 우리는 맥주의 진정한 감각과 맛을 이해하게 된다.

어떻게 진행되는가?

처음에는 입안의 감각신경이 맥주의 온도에 대한 정보를 전달한다. 이어서 혀가 바통을 넘겨받는다. 혀에는 1만 개 이상의 미뢰가 분포한다. 오랫동안 사람들은 미뢰가 혀의 어느 부위에 있는지에 따라 특정한 맛을 지각하는 데 '특화'되어 있다고 생각해왔다. 이는 사실과 다르며, 맛을 지각하는 것은 단순히 입안의 액체와 음식의 움직임에 영향을 받는다.

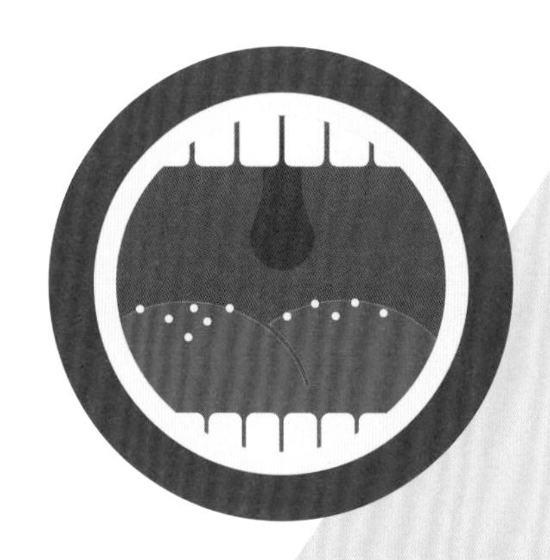

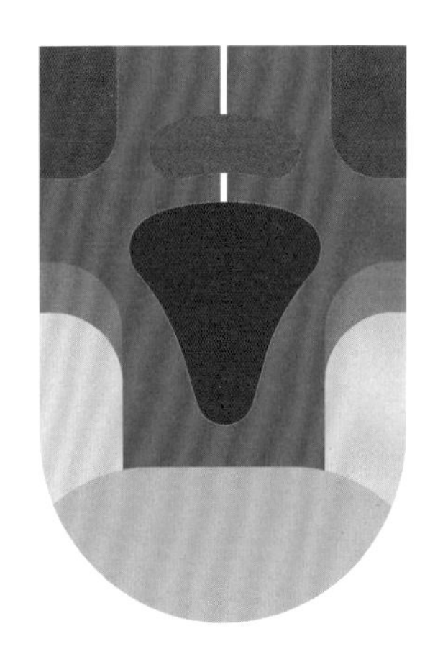

혀에서

감각 분석은 기본적으로 감각을 바탕으로 이루어진다. 맥주에 대해 말하자면 입안에서 느껴지는 감각, 즉 묵직함, 기포, 기름기, 떫은맛 등이 맥주의 바디감이라고 할 수 있다. 기본적인 맛에는 단맛, 짠맛, 쓴맛, 신맛, 그리고 '은근하게' 다른 맛을 살려주는 역할을 하는 감칠맛이 있다. 이러한 기본적인 맛의 구분은 사실 더 섬세하다. 예를 들어, 당신의 혀는 글루코스와 사카로스의 맛이나 시트르산, 젖산, 아세트산의 맛을 완벽히 구분할 수 있다. 모든 것은 훈련과 경험의 문제이다.

감칠맛(우마미)

이제는 감칠맛을 다섯 번째 기본 맛으로 받아들이는 데 어느 정도 합의된 상태이다. '우마미(umami)'는 일본어로 감칠맛을 뜻하며, 부드러움이 느껴지는 은은한 단맛과 함께 침 분비를 촉진시킨다. 감칠맛은 잘 익은 토마토, 숙성된 치즈(파르메산) 또는 말린 버섯 등 일부 식품에서 찾아볼 수 있다. 식재료 또는 맥주의 맛을 부드럽게 만들어주면서 조화를 이룬다.

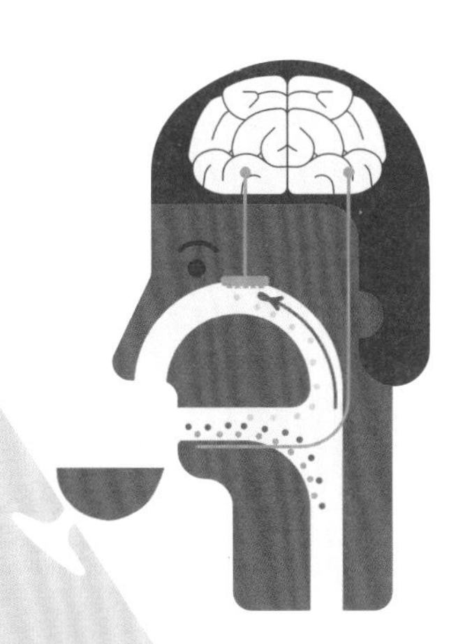

비후방후각

혀는 입에서 맛을 느끼는 유일한 기관이 아니다. 후각 역시 비후방후각을 통해 결정적인 역할을 한다. 입안과 접촉하며 데워진 맥주는 수천 개의 냄새 분자가 휘발 상태로 바뀐다. 이 냄새 분자가 맥주의 전체적인 향(아로마)을 결정짓는다. 향은 목을 통해 비강으로 올라와 섬모와 후각망울에 의해 분석된다. 그러므로 맥주의 이차적인 파악은 후각을 통해 이루어진다. 향은 기본적으로 미각보다는 후각의 영역에 속한다.

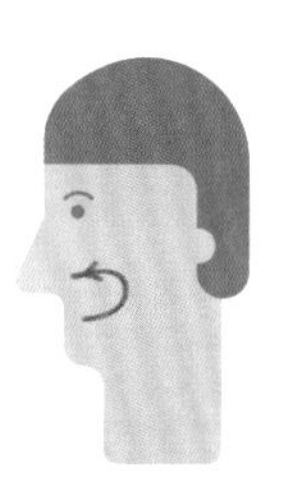

시음의 진행과정

맥주가 입안에 들어왔을 때 처음 받는 인상은 공격적인 느낌으로, 기포가 부글거릴 때 가장 흔히 느끼는 감각이다. 이 단계에서는 청량감, 신맛과 같은 가장 날카로운 맛이 나타나 침 분비를 자극한다.

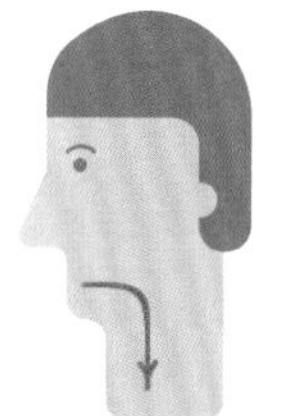

두 번째 단계는 주로 혀의 표면에서 느껴지는 감각으로, 단맛과 쓴맛이 있다. 동시에 비후방후각에서는 반드시 구분하고 분석해야 할 향을 지각한다. 이 단계에서 우리는 맥주의 바디를 이해하게 된다.

마지막 단계는 입안에서의 여운(뒷맛)이다. 맥주를 목으로 넘긴 후 혓바닥 위부터, 더 나아가 여전히 미뢰가 분포하는 목구멍 입구까지 맥주가 남아 있는 듯한 느낌을 받는데, 이러한 감각은 몇 분 동안 지속될 수 있으며, 특히 쓴맛이나 나무향에서 잘 나타난다.

충분한 시간을 갖는다

집중하여 경험을 반복한다. 처음에는 당신의 관심을 달아나게 하는 맛(예를 들어 쓴맛) 때문에 놀랄 수도 있다. 두 번째 모금에서는 침이 이러한 감각을 완화시키고, 당신의 뇌가 미리 주의를 주기 때문에 맛의 풍부한 변화를 더 잘 이해하게 된다.

테이스팅 노트

소박한 애호가든 전문적인 지식의 소유자든
테이스팅 노트를 작성하고 계속 기록하는 것은 큰 도움이 된다.

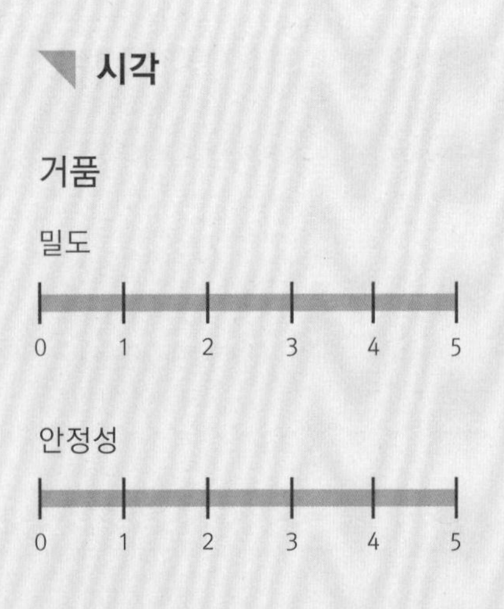

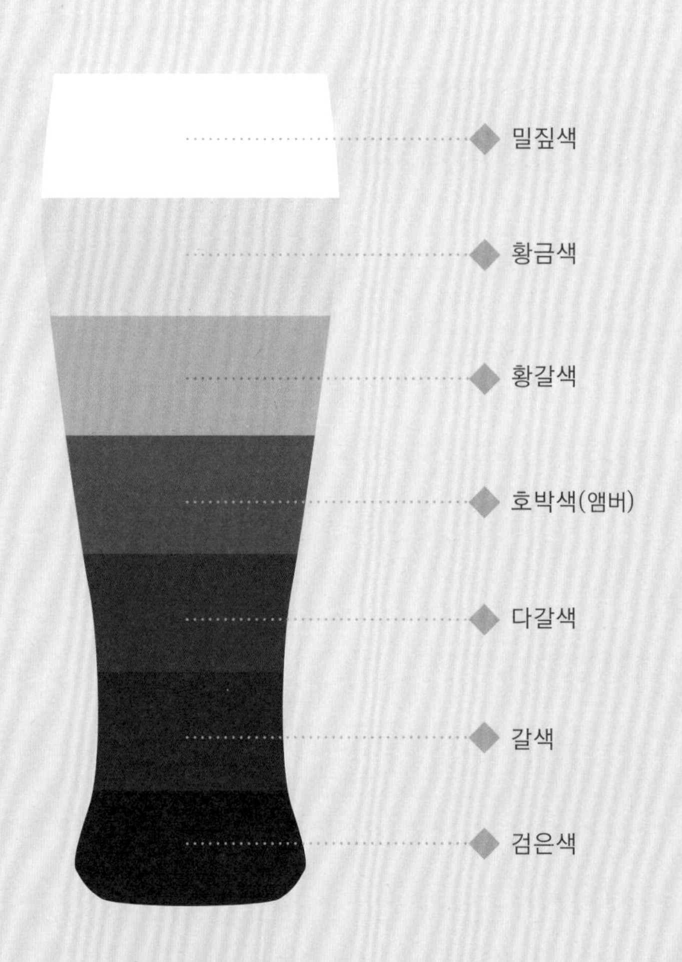

투명도

- 투명하다
- 불투명하다
- 탁하다

후각

강도

0 1 2 3 4 5

향(아로마)

미각

바디

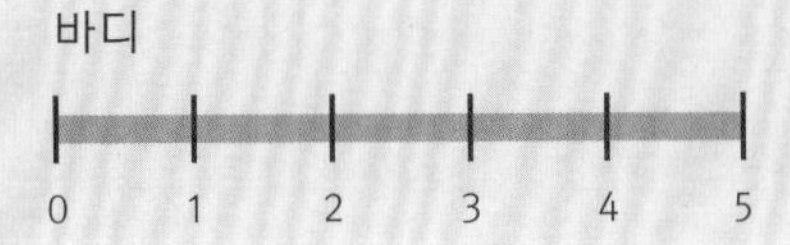

입안 여운

0 1 2 3 4 5

기포

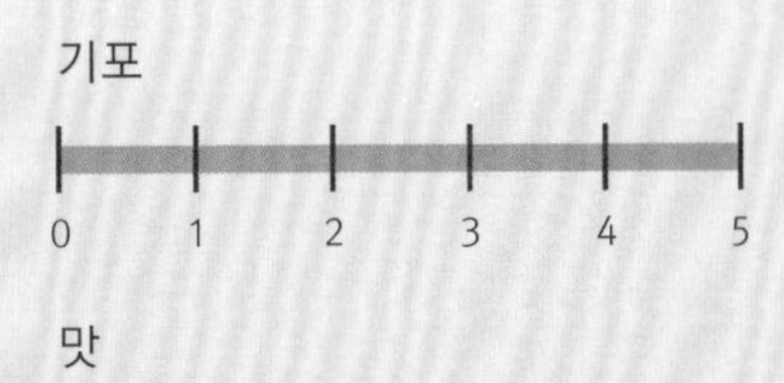

맛

1번째 감각

2번째 감각

입안에 남는 감각

균형

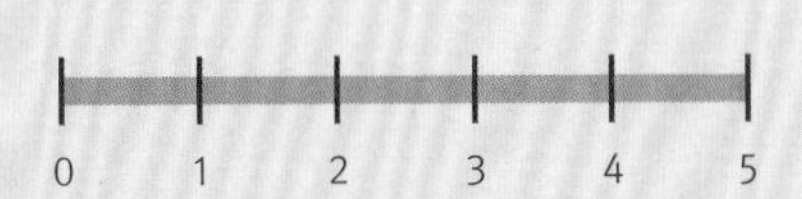

평가

왜 테이스팅 노트를 쓰는가?

더 제대로 즐기기 위해서이다. 기술적인 시음은 맥주를 여러 각도에서 관찰하고, 맥주를 구성하는 전체적인 맛을 세분화할 수 있게 하는 감각 분석 연습이다. 미각 카드(p.102)는 모든 향을 구분하는 데 매우 유용한 자료이다.
종이든 컴퓨터든 편리한 방법을 선택해 정확하게 분류해야 한다. 이미 맛본 맥주를 다시 시음해보는 것도 재미있다. 의도적이든 아니든, 하나의 차이점은 매우 다양한 요인으로 설명할 수 있다. 이는 양조자의 의도일 수도 있고, 용기나 서빙 방식에서 비롯된 차이점일 수도 있다. 아니면 당신 자신과 관련된 차이일지도 모른다. 감각은 약간의 연습을 거쳐 발전시킬 수 있으며, 더 이상 이전과 같은 방식으로 맥주를 맛보지 않을 것이다. 그러나 지나친 강박은 금물이다. 의문을 던지기 위해서가 아니라 마신다는 단순한 기쁨을 위해 맥주를 계속 즐기기 바란다.

인터넷의 평점들

인터넷은 웹사이트나 스마트폰 어플리케이션을 통해 쉽게 참여할 수 있어서 아마추어 평가자들의 수많은 의견을 불러모으고 있다. 레이트비어(RateBeer)나 비어애드보케이트(BeerAdvocate)는 이 분야의 기준이라고 할 수 있다. 평가는 타당할 수 있다. 그러나 당신 자신의 의견을 가질 수 있어야 한다. 사이트의 평가자들은 주로 미국에 살고 있으며, 따라서 미식에 대한 기준이 다르다. 언탭드(Untappd) 역시 SNS와 의견 공유를 중심으로 기반을 넓혀가고 있다.

미각 카드

맛과 감각에 대한 이 리스트는 각각의 맥주를 정확하게 묘사할 수 있게 해준다.

기본적인 맛

단맛

짠맛

쓴맛

드라이함
풋내
나뭇진향

신맛

시트르산(레몬)
젖산(시큼한 맛)
아세트산(식초)

감칠맛

입안에서의 감각

시원함

따뜻함

바디

(묵직함)

수렴성(떫은맛)

기포

작은 거품
큰 거품

감칠맛

오일
크림

과일

사과
청사과
배
자두
붉은 과일
바나나
열대과일
(망고, 패션프루트,
파인애플 등)
감귤류
(자몽, 오렌지, 레몬 등)

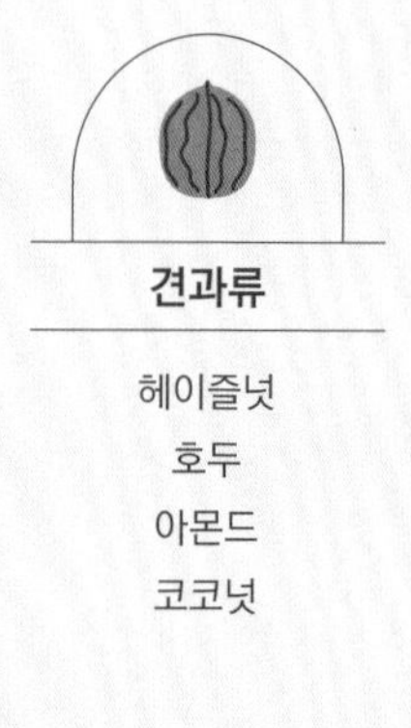

견과류

헤이즐넛
호두
아몬드
코코넛

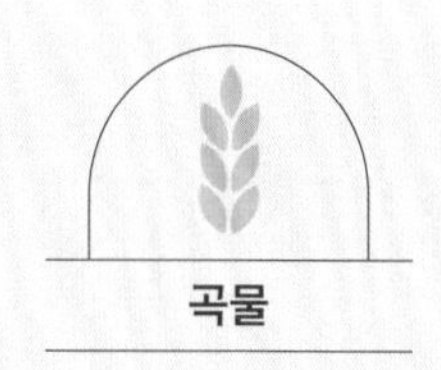

곡물

향신료

후추
정향
감초
계피
고수

꽃

장미
바이올렛
제라늄

식물

자른 허브
마른 잎
밀짚
민트
삶은 야채
캔옥수수

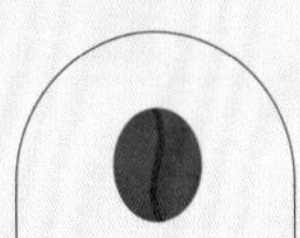

구운 향

토스트
탄내
초콜릿
커피

페놀

정향
약품
기침 시럽

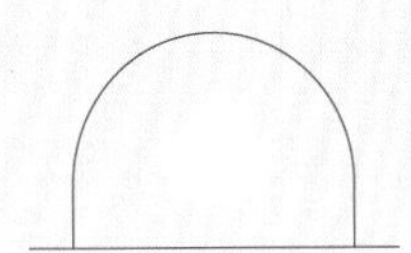

유제품

우유
크림
버터
치즈

다양한 향료

캐러멜
바닐라
사탕수수설탕
껌

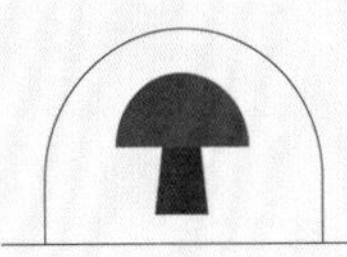

흙향

버섯
곰팡이
지하 저장고

산패된 냄새

비누
셰브르(산양유 치즈)

탄화수소

플라스틱
매니큐어
페인트

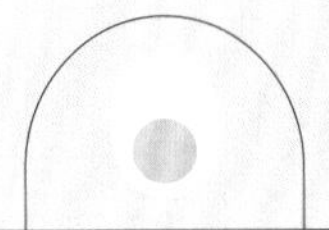

유황

썩은 달걀
마굿간
사향

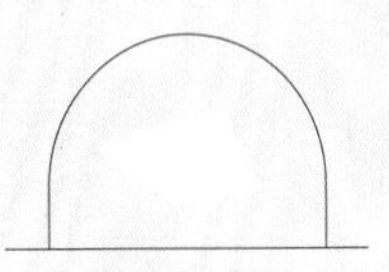

산화된 냄새

종이
종이박스

알코올

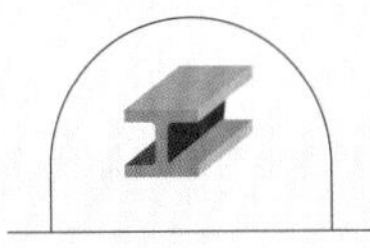

금속

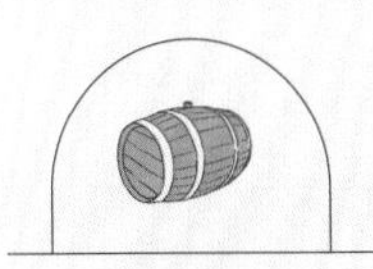

나무

원인별로 분류한 맛

맥주의 맛을 결정하는 요인은 매우 다양하다. 서로 다른 맛을 내는 원인을 알면 맥주에 대한 해석과 추가적인 분석이 가능해진다.

곡물

몰트
빵, 비스킷
견과류
설탕, 캐러멜
자두
(시트르) 산
크림
채소
감초
붉은 과일

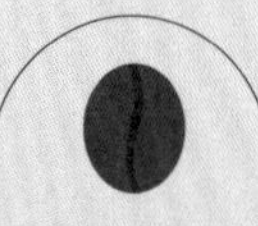

로스티드 몰트

토스트, 구운 향
커피
초콜릿
붉은 과일
아몬드

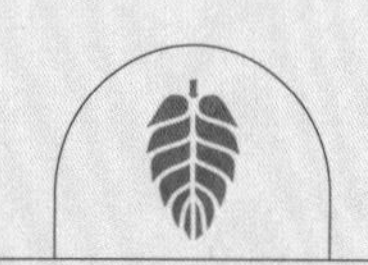

홉

나뭇진
열대과일
감귤류
꽃
식물

효모에 의한 발효
(사카로미세스 세레비시아)

사과, 배
청사과
향신료(정향)
버터
바나나
유황
알코올
용해제

유산균에 의한 발효

(젖) 산

브레타노미세스에 의한 발효

가죽, 마굿간
장미, 제라늄

미생물 감염

식초
곰팡이
버섯
발
파르메산 치즈

산소와의 접촉

종이 반죽
종이박스

씁쓸함, 그 특별한 맛

쓴맛은 맥주와 떼어놓을 수 없다.
때때로 주요 논쟁거리가 되기도 하는 맥주의 쓴맛에 대해 알아보자.

쓴맛을 사랑하다

쓴맛에 대한 취향은 자연스럽게 생기는 것이 아니다. 어린아이에게 홉 펠릿을 맛보게 해보자. 아이의 반응이 설득력 있게 다가올 것이다. 자연에서 쓴맛은 보통 식물의 독성을 경고하는 신호였다. 그러므로 홉에 대한 아이의 부정적인 반응은 우리 조상들이 중독을 피할 수 있게 해준 다윈의 유산인 셈이다. 그러나 또한 실험가이기도 했던 우리 조상들은 시도를 거듭한 끝에(아마도 몇몇의 죽음을 딛고) 독이 없으면서도 씁쓸하고 맛있는 많은 식물을 선별해냈다. 엔다이브, 치커리, 루콜라, 그리고 다크초콜릿을 생각해보라.

쓴맛의 효능

그러므로 쓴맛은 후천적으로 학습한 맛이라고 할 수 있다. 그러나 그 효능은 적지 않다. 쓴맛은 소화기능을 자극한다. 혀에서 쓴맛을 느끼면, 침샘이 활성화되고 간은 담즙 생산을 늘린다. 게다가 홉에서 나오는 쓴맛 분자는 장내 기생충을 예방하는 역할을 하며, 장내 미생물 조절에도 영향을 미친다.

유행을 따라

다른 모든 분야와 마찬가지로 미식에도 유행이 있으며, 쓴맛도 예외는 아니다. 19세기 말과 20세기 초에는 씁쓸한 맛의 매우 인기 있는 음료인 릴레(Lillet)가 탄생했다. 릴레는 와인과 캥키나(quinquina, 기나나무 껍질을 넣은 와인), 또는 용담 뿌리를 이용한 쉬즈(Suze, 프랑스의 비터 브랜드)를 섞어서 만든다. 제2차 세계대전 이후 수십 년 동안에는 식품과 음료가 좀 더 단맛을 추구하는 방향으로 나아갔다. 이 기간 동안 쓴맛은 거의 숨겨야 하는 결점이나 구석에 남아있는 뒷맛 정도로 여겨졌다.

쓴맛의 명예회복

최근 30년 사이에 새롭게 등장한 양조장들은 품질과 향이 매우 뛰어난 홉 품종을 선별하고 새로운 양조기술을 적용하여 쓴맛에 대한 부정적인 인식을 바꿔놓았다. 쓴맛은 맥주를 둘러싼 논쟁의 화두가 되었다. 쓴맛의 정도는 IBU(International Bitterness Unit) 또는 맥주의 알파산 농도로 측정한다.

풍부한 아로마 팔레트

현재 200종 이상의 홉이 매우 광범위한 향의 스펙트럼을 구성하고 있으며, 에센셜 오일도 과일향이 나는 것부터 향신료향, 꽃향기가 나는 것 등 여러 가지이다. 그러나 쓴맛 역시 그 자체로 매우 다양하다. 알파산에는 후물론(humulone), 아드후물론(adhumulone), 코후물론(cohumulone) 등 여러 종류가 있는데, 품종과 토양에 따라 각각 다른 비율로 함유되어 있어 쓴맛이 다양하게 나타난다. 쓴맛은 드라이한 느낌일 수도 있고, 풋내가 나거나, 얼얼하거나, 나뭇진 향이 날 수도 있다.

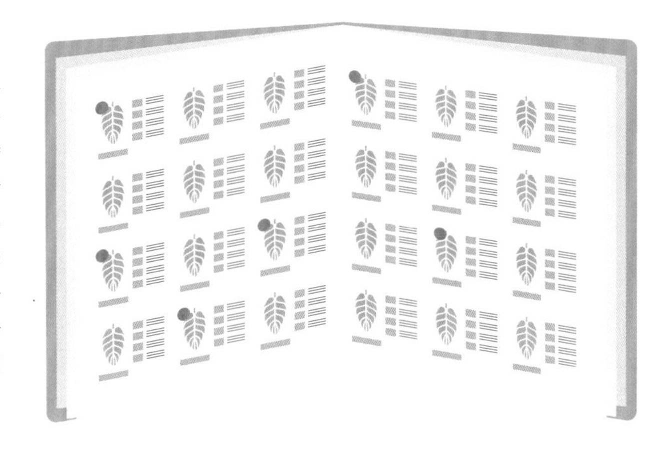

쓴맛과 수렴성(떫은맛)의 구분

전문가들도 쓴맛과 떫은맛을 혼동하는 경우가 많다. 쓴맛은 미뢰에서 지각하는 직접적인 맛이다. 떫은맛은 침 분비를 자극하는 타닌과 같은 특정 물질에 점막이 반응하여 수축하는 것을 말한다. 와인의 타닌은 포도껍질 또는 씨에 함유된 성분이며, 맥주의 타닌은 일부 로스티드 몰트에서 나오거나, 물이 화학적으로 불균형 상태일 때 몰트와 홉에서 나오되기도 한다.

맥주에 생길 수 있는 결점

가끔 맥주에서 문제가 발견되는 경우가 있다.
이는 대량생산 맥주와 크래프트 맥주에서 각각 다르게 나타난다.

유황 냄새

온도에 따라 맥주에서 썩은 달걀이나 마굿간 냄새가 나는 경우가 있다. 이러한 문제는 대부분의 경우 발효 중에 감염되어 발생한다.

'빛의 맛'

녹색 병은 자외선을 통과시킨다. 자외선은 홉에서 나온 일부 분자를 분해시켜 사향, 마늘 또는 메르캅탄(도시가스) 같은 좋지 않은 냄새를 발생시킨다. 퀘벡에서는 이를 '스컹크 방귀 냄새'라고 표현하기도 한다. 맥주의 상태를 보다 확실하게 보장해줄 수 있는 것은 갈색 병이나 빛을 차단하는 용기이다.

청사과

크래프트 맥주를 맛보다가 갑작스럽게 그래니스미스(Granny Smith) 같은 청사과향이 느껴지는 경우가 있다. 곧이어 맥주와 이 향이 어울리지 않는다는 것도 알게 된다. 이러한 결함의 원인물질은 아세트알데하이드이며, 맥주의 발효가 완전히 끝나지 않았다는 뜻이다.

병 바닥의 '뿌연 것'

할 수 있는 일은 아무것도 없다. 병 바닥에 쌓인 침전물은 사라지지 않고 맥주를 지저분하게 만든다. 문제의 뿌연 물질은 몰트에서 나온 단백질로 달리 해결할 방법이 없다. 다른 양조장의 맥주를 찾는 게 낫다.

뜨거운 알코올

첫 모금을 마셨는데 뜨거운 알코올이 불쾌하게 느껴질 때가 있다. 이 문제는 일부 도수 높은 대량생산 맥주에서 자주 나타나며, 크래프트 맥주에서는 점차 해결되는 추세이다. 문제의 알코올은 퓨젤(fusel)로 에탄올과는 다르며, 효모세포가 지나치게 밀집되었을 때나 발효온도가 너무 높았을 때 나타난다. 이런 맥주는 너무 많이 마시지 말자. 분명히 두통에 시달리게 된다.

녹은 버터

혀끝에서 뜻하지 않게 느껴지는 녹은 버터의 맛은 처음 한두 모금은 매력적일 수 있지만, 금세 역해진다. 이 결함의 원인인 디아세틸(diacetyl)은 발효를 제대로 관리하지 못했음을 의미한다. 적합한 환경일 경우에 효모는 발효의 마무리 단계에서 디아세틸을 재흡수하기 때문이다. 맑은 맥주에는 부적절한 맛이며, 맥주가 가벼울수록 그렇다. 반대로 (소량의) 디아세틸은 스타우트나 발리 와인에 바디감을 주는 역할을 한다.

내용물이 흘러넘치는 병

맥주병을 딸 때, 알맞은 상태로 저장했는데도 내용물이 콸콸 솟아오르며 절반 이상 바닥에 쏟아지는 것은 맥주가 야생박테리아에 감염되었다는 뜻이다. 병 안에서 이 박테리아는 맥주에 남아 있는 당분을 소비하고 이산화탄소를 추가로 만들어 낸다. 이런 맥주병은 조심해야 하는데, 잘못하면 폭발할 위험이 있다.

맥주 vs 와인 대결

둘 중 어느 하나가 더 우월한가? 맥주와 와인은 정말 서로 대립의 관계인가?

새로운 시장

맥주 소비량이 적은 프랑스에서 맥주에 대한 프랑스인들의 생각은 크게 달라지지 않았다. 그러나 프랑스 내에 양조장 네트워크를 형성하는 등 현재 고품질 맥주가 인기를 얻으면서 맥주 생산환경에 변화를 일으키고 있고, 맥주와 와인의 비교를 제안하고 있다. 현재 상황을 알아보자.

가격

맥주의 승리다. 와인의 경우에 10유로 이하에서 마실 만한 와인을 찾을 수는 있지만, 이 가격대에서 아주 괜찮은 경험을 기대하기는 힘들다. 맥주 750㎖의 평균가격은 일반적인 경우 4.5~7.5유로 선이다. 그리고 특별한 경우에는 15유로까지 올라간다. 비교적 적정한 가격대이며, 상대적으로 적은 비용으로 즐겁게 마실 수 있다.

아로마 팔레트

와인과 맥주는 근본적으로 다른 맛을 갖고 있지만, 타닌 또는 발효과정이나 홉에서 나오는 과일향처럼 훈련된 혀라면 놓치지 않을 비슷한 점들이 존재한다. 뉴질랜드 홉인 넬슨 소빈(Nelson Sauvin)은 포도 품종 소비뇽 블랑처럼 열대과일의 향이 난다.

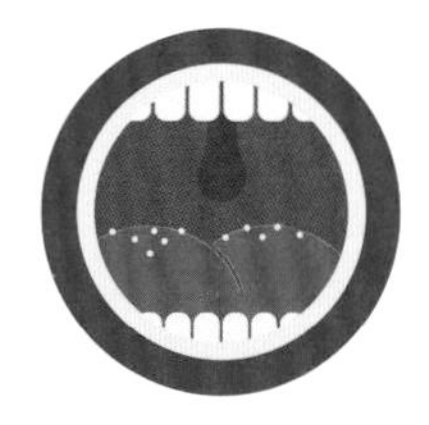

요리와의 페어링

오랫동안 프랑스인들은 식사에 곁들일 목적으로 자연스럽게 와인을 선호해왔다. 그러나 서서히 변화가 일어나고 있다. 다양한 스타일과 맛을 경험하며 프랑스인들도 맥주와 요리가 유사, 대조 또는 서로 보완되는 페어링을 즐기고 있다. 어떤 요리든지 영혼을 채워줄 맥주는 언제나 존재하기 마련이다.

문화 코드

식품, 특히 술에는 언제나 이미지와 문화적인 코드가 담겨 있다. 와인과 맥주 모두 약 20년 전부터 품질의 발전과 생산방식에 대한 고찰, 까다로운 대중과의 소통방식에서 변화를 겪으며 이미지를 달리해왔다.

대중화를 향해

어떤 면에서 오늘날 맥주의 상황을 보면 영어 용어의 사용, 유행, 광적인 맥주 마니아 사이에서 속물근성 또는 우월의식을 벗어나지 못하고 있다. 하지만 많은 양조장들이 보다 알기 쉬운 소비자 교육방안을 모색하며 활동을 이어가고 있다.

갈리아인의 시대

오늘날까지 남아 있는 증거는 매우 적지만,
고대 유럽인은 맥주를 알고 즐겼다.

홉이 들어가지 않은 맥주

이베리아 반도에서 발견된 3500년 전의 초기 유적으로 미루어, 유럽에서 첫 맥주의 발자취는 농업의 역사만큼이나 오래되었다고 할 수 있다. 그 당시 홉은 사용하지 않았고, 맥주의 맛과 저장성을 높여줄 모든 종류의 식물을 사용했다. 예를 들어 쑥을 넣거나, 취기를 강화하기 위해 환각효과가 있는 사리풀을 쓰기도 했다.

로마인들의 천대

파라오 시대 이집트에서는 맥주가 특권층의 전유물이었지만, 유럽에서 곡물을 기반으로 발효시킨 이 음료는 천대를 받았다. 와인을 사랑했던 로마인들은 맥주를 곰팡이 냄새가 나고 소화도 잘 되지 않는 상한 음료로 여겼다. 그들은 와인을 물에 희석해 마셨는데, 그런 품위를 모르는 야만인들이 취해 쓰러지도록 마시는 데나 어울리는 술이라고 생각했다. 그럼에도 불구하고 맥주는 로마 제국 변방 사회의 핵심에 자리하고 있었다. 갈리아와 이베리아 반도의 거주민들은 보리와 밀을 사용하여 맥주의 전신인 세레비시아(cerevisia), 또는 쿠르미(curmi)라고도 불리는 세르부아즈를 만들었으며, 북부 유럽에서는 귀리를 사용했다.

장기 저장

몇몇 작가들은 우리에게 당대 맥주 소비에 대한 귀중한 자료를 남겼다. 기원전 2세기 아파메아의 포세이도니오스(Posidonios)는 밀과 꿀로 만든 맥주를 당시에 수입 포도주를 마셨던 상류층을 위한 술로 묘사했다. 1세기에 대(大) 플리니우스(Pliny The Elder)는 북부 이탈리아, 갈리아, 스페인의 켈트족들을 장기간 방문했는데, 이때 본 모든 형태의 세르부아즈를 묘사했다. 그는 양조업자가 발효 후 거품을 모았으며(양조업자는 인지하지 못했겠지만, 효모를 분리해낸 것이다), 이것을 여성들이 화장품으로 사용했다고 적었다. 또한 그는 갈리아인들에게 숙성이 가능한 양질의 맥주 양조법을 알려주었다.

일상적인 맥주 소비

유럽의 고대인들은 자신들의 사회와 식생활, 신화 속에 존재했던 맥주에 대한 직접적인 증거를 남기지 않았다. 그러나 고고학이 맥주와 관계된 몇 가지 보충자료를 제공하고 있다. 그것들 중 대부분은 점토로 만든 용기로, 그 속에는 곡물로 만든 음료가 담겨 있었다. 프랑스에서는 특히 대규모 공사 전에 고대 유물의 훼손을 방지하는 예방고고학이 일반화된 덕분에 갈리아인에 대한 더 많은 자료를 확보할 수 있었다. 갈리아인들의 양조기술과 농업은 이웃 로마인들에 비해 월등한 수준이었으며, 대부분의 대형 농업시설에는 몰팅과 양조를 위한 공간이 존재했다.

새로운 인기

시간이 흘러 와인을 마시는 로마인과 맥주를 마시는 이방인들의 구분은 희미해졌으며, 로마제국이 점차 영토를 확장함에 따라 수세기 동안 이민자들이 지속적으로 유입되면서 세르부아즈의 맛이 퍼져 나갔다. 지역에 따라 다양한 출신의 이민자들이 뒤섞여 와인과 맥주를 비슷하게 즐기게 되었다. 2세기에 고대 로마의 요새였던 영국 북부 빈돌란다(Vindolanda) 유적에서 얇은 나무 판자들이 발견되었는데, 이 중에서 약 12개 조각에 군인들이 일상적으로 마셨던 맥주와 양조에 대한 내용이 적혀 있었다.

CHAPTER N°5

맥주의 스타일

맥주의 스타일은 와인의 세계에서 사용하는 이름과 약간 비슷하다. 시간이 흐르면서 개인적인 경험으로 남아 있던 양조기술이 서서히 맥주의 스타일을 창조하였다. 재료와 생산방식에 따라 맛의 특성이 결정되고, 이는 다양한 맛과 색으로 나타났다. 그러나 그 중에서도 가장 매력적인 것은 어디에 있는 누구든, 어떤 스타일의 맥주든 만들 수 있다는 것이다.

스타일에 대하여

블론드, 브라운, 앰버로 분류하는 것은 잊어버리자.
다양한 맥주 스타일에 따라 분류하면 훨씬 더 정확해진다.

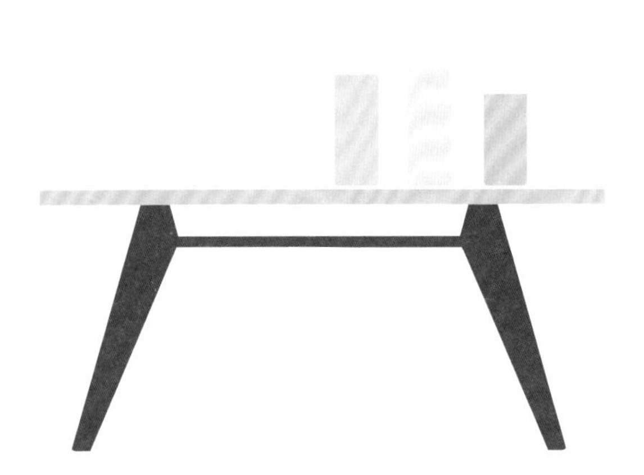

스타일이란 무엇인가?

스타일이란 몇 가지 기준에 따른 맥주의 분류이다. 이 기준에는 알코올 도수, 효모, 곡물과 몰트의 특성, 홉의 품종 등이 있으며, 그 밖에도 맥주의 맛과 성질에 영향을 미치는 다양한 요인들이 포함된다.

기술적인 문제

와인의 명칭이 테루아(terroir, 와인 재배를 위한 모든 자연조건을 총칭하는 말)에 근거하는 것과 달리, 기술 제품인 맥주는 재료와 레시피에 따라 스타일이 결정된다. 독일이나 벨기에에는 특정 스타일의 맥주가 존재하지만, 이론적으로는 전 세계의 어떤 양조자도 필요한 노하우를 갖췄다면 그 맥주를 생산할 수 있다.

긴 역사의 산물인 다양성

전 세계적으로 보통 140여 종 이상의 맥주 스타일이 생산되고 있다. 이는 지역적인 제약에 따른 노하우와 경험에 근거한다. 매우 순수한 물의 특성은 보헤미아의 필스너 스타일을 탄생시켰고, 탄산염이 함유된 물은 영국의 포터 스타일을 탄생시켰다. 바이에른의 헤페바이젠 스타일은 양조업자들이 수세기 동안 정향과 바나나의 향을 얻기 위해 선별해낸 특별한 효모균주와 밀의 조합으로 만들어진 것이다. 영국에서 생산하는 임페리얼 스타우트 스타일의 높은 알코올 도수는 역사적으로 발트해 시장에 판매하기 위해 저장성이 높은 레시피가 필요했기 때문으로 풀이된다.

스타일 카탈로그

누가 맥주의 스타일을 정의했는가? 이 질문은 여전히 의문으로 남아 있다. 스타일은 다소 오래된 용례에서 비롯되었다. 일부 유형의 맥주는 특정한 맛을 기대하는 소비자들이 분명하게 인식하고 있지만, 완전히 굳어지지는 않았다. 탁월한 맥주 전문가인 랜디 모셔(Randy Mosher)는 포터 스타일의 경우 지난 3세기 동안 각 세대마다 그 정의가 달라져왔다는 점을 꼬집고 있다. 최근 많은 서적 또는 인터넷 사이트에서 맥주 스타일 카탈로그를 제공하고 있는데, 그 기준들은 이따금 논쟁을 불러일으키기도 한다. 일반적인 맥주 문화를 홍보하는 미국 기관인 BJCP(Beer Judge Certification Program, 맥주 심사 인증 프로그램)의 기준이 가장 널리 인정받고 있다.

거의 모든 것이 가능하다

특정한 기준에 따라 분류하는 대회에 출품하지 않는 한, 와인의 명칭과는 달리 맥주의 스타일에는 통제나 정책이 존재하지 않는다. 분류는 선언적인 수준에 머무르고 있으며, 양조업자들은 유행을 따라 헤엄쳐 다닌다. 예를 들어, 인디아 페일 에일에 대해 일부에서는 이 스타일을 특징짓는 쓴맛이 필요하지 않다고 주장하기도 한다. 이러한 '유연함'은 많은 창조와 굴절, 혹은 하이브리드 맥주가 탄생할 여지를 남겨둔다.

블론드·브라운·앰버_ 프랑스인들의 예외적인 선택 기준

대부분의 프랑스 소비자는 색깔을 보고 맥주를 고른다. 맥주 생산의 전통이 없는 나라에서 하는 잘못된 선택이다. 일반적으로 블론드 맥주는 알코올 도수가 낮고 당도가 적다. 앰버는 더 달고, 브라운은 씁쓸하다. 그럼에도 이러한 특징은 재료나 기술적 요인에 변화를 줄 수 있는 양조업자에 따라 결정된다. 블론드 맥주라 할지라도 매우 쓴맛이 날 수 있으며, 브라운 맥주가 달거나 크리미할 수도 있다.

에일 Ales

에일은 일반적으로 스타우트나 포터와는 다른
밝은 색깔의 영국 맥주를 가리킨다.

영국식 상면발효

에일(ale)이라는 단어는 여러 가지로 해석할 수 있다. 본래 '에일'은 곡물로 만든 발효 음료를 뜻하는 스칸디나비아어에서 유래했다. 방부제이자 맛을 내는 재료로 홉을 사용면서 맥주(beer)라는 용어가 만들어지자, 에일은 '옛날식' 세르부아즈를 의미하게 되었다. 19세기에 라거가 등장하기 전까지 수세기 동안 에일은 일반적으로 맥주의 동의어처럼 사용되었다. 이후에는 하면발효를 통해 만들어지는 라거에 반대되는 개념으로 상면발효 맥주를 뜻하게 되었다. 오늘날에는 주로 색이 연하거나 호박색(앰버)을 띠는 맥주를 가리킨다.

비터(Bitter) / 오디너리(Ordinary)

이름이 영어로 '쓰다'라는 뜻이기는 하지만, 이 맥주의 쓴맛은 뚜렷하게 느껴지면서도 몰트에 의해 완화된다. 맛은 가볍지만 알코올 도수가 낮아 단맛을 느낄 수 있으며, 그 덕분에 마시기 쉽고 갈증을 잘 해소해준다.

맛	빵 껍질, 비스킷, 드라이한 쓴맛, 과일
거품	약함
쓴맛	중간~강함
당도	약함
알코올	3~3.5%
예	영스 비터(Young's Bitter), 영국 웰스 앤 영스 브루잉 컴퍼니(Wells & Young's Brewing Company)

페일 에일(Pale Ale) / 엑스트라 스트롱 비터(Extra Strong Bitter)

이 스타일은 실질적인 정의 없이 널리 사용되기 때문에 정확하게 규정하기 어렵다. 몰트의 향이 뚜렷한 쓴맛에 의해 두드러진다. 이는 퍼글(Fuggle) 또는 골딩(Golding)과 같은 영국 홉의 특징이기도 하다.

맛	몰트, 나뭇진, 흙, 꽃, 과일
거품	강함
쓴맛	중간~강함
당도	중간
알코올	4.5~6%
예	볼스레 블론드(Volcelest Blonde), 프랑스 브라스리 드 라 발레 드 슈브뢰즈(Brasserie de la vallée de Chevreuse)

발리 와인(Barley Wine)

'보리 와인'을 뜻한다. 알코올 도수가 높고, 나무통에서 숙성시키기도 한다. 시간이 지날수록 진화하는 놀라운 향과 함께 훌륭한 복합성을 보여준다.

맛	몰트, 비스킷, 캐러멜(토피), 과일(체리)
거품	약함
쓴맛	중간
당도	중간
알코올	8~12%
숙성 가능 기간	10년까지
예	사크레 그롤(Sacrée Grôle), 프랑스 브라스리 데 가리그(Brasserie des Garrigues)

스카치 에일(Scotch Ale) / 위 헤비(Wee Heavy)

상면발효를 하지만, 일반적인 온도보다 저온에서 진행한다. 때문에 에스테르향이 거의 나오지 않고 몰트의 강한 향이 두드러진다. 흙향과 훈연향을 느낄 수 있다.

맛	몰트, 캐러멜, 흙, 훈연
거품	중간
쓴맛	느낄 수 없거나 약함
당도	중간~강함
알코올	5~10%
예	자코바이트 에일(Jacobite Ale), 영국 스코틀랜드 트라퀘어 하우스 브루어리(Traquair House Brewery)

인디아 페일 에일 India Pale Ales(IPA)

쓴맛과 과일향이 느껴지는 인디아 페일 에일은 1980년대부터 미국에서 시작된 (이후 전 세계로 퍼져 나간) 크래프트 맥주의 부흥기를 이끈 근원이었다.

19세기부터 시작된 대성공

인디아 페일(India Pale)이라는 이름은 19세기로 거슬러 올라간다. 런던의 호지슨스 브루어리(Hodgson's Brewery)는 배들이 인도를 향해 떠나던 이스트 인디아 부두에 자리를 잡고 선장들에게 쓴맛이 강하고 홉의 향이 진한 맥주를 공급했다. 이 스타일은 20세기 초반에 사라지기 전까지 영국 내에서도 인기를 끌었다.

1970년대 홉 재배자들은 쓴맛을 내는 알파산과 방향족화합물이 풍부한 새로운 홉 품종을 개발했다. 이후 캘리포니아의 초기 양조업자들이 이 홉을 사용해 쓴맛이 강하면서도 감귤류향이 진한 훌륭한 맥주를 만들어냈다. 이 독보적인 결과물을 어떤 스타일과 관련지어야 할지 알지 못했던 그들은 잊고 있던 옛 이름, 즉 인디아 페일 에일을 다시 사용하기로 했다.

아메리칸 IPA(American IPA)

IPA의 미국 버전으로 향이 강한 홉을 대량으로 사용하며 과일향을 강조한다. 이러한 특성은 철저하게 생홉을 사용하고, 발효 마무리 과정에서 맥주에 추가로 홉을 넣어 향을 우려냄으로써 발달된다.

맛	감귤류, 열대과일, 솔잎, 캐러멜
거품	중간~강함
쓴맛	강함~매우 강함
당도	약함~중간
알코올	5~7.5%
예	IPA 시트라 갈락티크(IPA Citra Galactique), 프랑스 브라쇠르 뒤 그랑 파리(Brasseurs du Grand Paris)

더블 IPA(Double IPA) / 임페리얼 IPA(Imperial IPA)

클래식 IPA의 강력한 버전이다. 알코올 도수가 더 높고, 폭발적인 쓴맛과 나뭇진향이 난다. 이미 맥주를 잘 아는 애호가들에게 알맞다.

맛	감귤류, 열대과일, 솔잎, 캐러멜
거품	중간
쓴맛	강함~매우 강함
당도	약함~중간
알코올	6~10%
예	델리 델리(Delhi Delhi), 프랑스 브라스리 스쿠멘(Brasserie Skumenn)

잉글리시 IPA(English IPA)

19세기 이후부터 잉글리시 IPA의 레시피는 다양하게 발달했다. 현재는 이 스타일을 영국 홉을 사용해 만든 IPA로 이해해야 한다. 영국 홉은 미국 홉과는 향이 다르다. 식물향이 더 나고, 나뭇진향이 덜 나는 쓴맛과 과일향, 섬세한 꽃향이 느껴진다.

맛	꽃, 후추, 허브, 레몬, 오렌지, 캐러멜
거품	중간
쓴맛	강함
당도	약함~중간
알코올	5~7.5%
예	자이푸르(Jaipur), 영국 손브리지 브루어리(Thornbridge Brewery)

뉴잉글랜드 IPA(New England IPA, NEIPA)

IPA라는 이름에도 불구하고 뉴잉글랜드 IPA는 쓴맛이 매우 약하다. 과일 주스에 가까운 맛이 놀랍다. 귀리 또는 락토스를 첨가하여 크리미한 바디감을 갖고 있으며, 발효과정 내내 홉을 첨가하여 과일향을 강조한다.

맛	과일, 감귤류, 열대과일
거품	중간~강함
쓴맛	느껴지지 않거나 약함
당도	약함~중간
알코올	4~10%
예	헤디 토퍼 캔(Heady Topper can), 미국 버몬트주 알케미스트 브루어리(The Alchemist Brewery)

영국의 흑맥주 Dark Beers

영국에서 시작된 이 맥주 스타일은 특징적인 색깔로 구분되며,
로스팅향과 타닌의 맛이 유명하다.

로스티드 몰트

색은 맥주 맛을 평가하는 정확한 지표는 아니지만, 그럼에도 불구하고 영국의 흑맥주는 짙은 색으로 구별된다. 이 색은 150℃ 이상의 고온에서 로스팅한 몰트에서 나온다. 전체 몰트 사용량의 5%만으로도 특유의 커피, 초콜릿, 타닌 향과 함께 다른 모든 뉘앙스의 향을 뽑아낼 수 있다. 18세기에 포터는 구운 몰트를 사용해 만드는 저렴한 맥주였으며, 주로 가난한 사람들이 마셨다.

포터(Porter)

18세기 초 런던에서 만들어진 이 맥주는 다른 모든 흑맥주와 마찬가지로 로스티드 몰트에서 그 특성이 만들어진다. 특유의 색깔 외에도, 이 몰트는 약한 타닌의 맛과 함께 커피와 초콜릿에 가까운 구운 향을 낸다. 본래 몰트 로스팅의 목적은 경수의 pH지수를 낮춰 좀 더 부드럽게 입안을 채우는 맥주를 만드는 것이었다. 포터 스타일이 더 센 버전으로 변화한 것이 로부스트 포터(Robust porter)이다.

맛	구운 향(적절함), 초콜릿, 커피, 캐러멜, 헤이즐넛
거품	약함
쓴맛	적절함
당도	중간
알코올	4~5.5%
예	말린(Maline), 프랑스 브라스리 티리에즈(Brasserie Thiriez)

스타우트(Stout)

포터에 비해 스타우트는 커피의 맛과 구운 향이 보다 강하고, 색은 더 어두우며 타닌이 두드러진다. 일부 브랜드는 이산화탄소 대신 질소로 크리미한 질감을 만들기도 한다.

맛	커피, 구운 향, 초콜릿, 감초
거품	약함~강함(질소의 고운 거품)
쓴맛	약함~중간(떫은맛과 혼동하는 경우가 많음)
당도	가벼움~강함
알코올	4~6%
예	런던 스타우트(London Stout), 영국 민타임 브루잉 컴퍼니(Meantime Brewing Company)

임페리얼 스타우트(Imperial Stout)

전통적으로 영국에서 발트해 시장을 위해 만들었던 임페리얼 스타우트는 풍부하고 복합적인 맛이 난다. 질감이 놀라울 정도로 부드러우며, 알코올은 일반적으로 약하게 느껴진다.

맛	토스트향에서 구운 향, 커피, 다크초콜릿, 아몬드, 붉은 과일
거품	중간
쓴맛	약함~강함
당도	중간~강함
알코올	8~12%
숙성 가능 기간	10년까지
예	보리스 구드노브(Boris Goudenov), 프랑스 브라스리 코레지엔느(Brasserie Corrézienne)

오트밀 스타우트(Oatmeal Stout)

귀리를 사용하여 마치 포리지처럼 풍성하고 크리미한 질감을 느낄 수 있고, 미세한 초콜릿향이 느껴져서 특히 맛있는 맥주이다.

맛	크리미함, 초콜릿, 카페라테
거품	중간~강함
쓴맛	약함
당도	중간~강함
알코올	4~6%
예	메네스토(Menestho), 프랑스 브라스리 라 데보슈(Brasserie La Débauche)

밀맥주

밀은 맥주에 청량감과 매력적인 감귤류향을 더해준다.

'화이트' 비어(White Beer)

알아두자. 프랑스어로 '블랑슈(Blanche)'라고 부르는 화이트 비어는 본래 밀맥주이다. 여기에는 혼란의 여지가 있는데, 이는 독일에서 시작된다. 독일어로 밀맥주를 가리키는 바이젠비어(weizenbier)는 보통 색이 탁하며, 독일어로 흰색을 뜻하는 바이세(weisse)에서 이름을 따왔다. 이는 종종 프랑스 소비자들을 혼란에 빠뜨리는데, 프랑스에서 블랑슈 맥주는 보통 블론드 맥주를 가리키며, 경우에 따라서는 둥켈바이젠처럼 색이 더 진한 맥주까지 아우르기 때문이다.

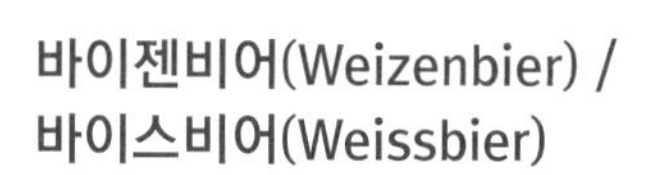

바이젠비어(Weizenbier) / 바이스비어(Weissbier)

바이에른 지역에서 유래한 바이젠비어의 특징은 대량의 밀(순밀) 몰트에(최소 70%) 보리 몰트를 더해 만든다는 점이다. 선별한 효모가 특유의 향신료향(정향) 또는 과일향(바나나)을 만들어낸다. 이 스타일에서 투명한 크리스탈바이젠(Kristallweizen)과 불투명한 헤페바이젠(Hefeweizen)이 나왔으며, 이들은 더 진한 효모와 향신료의 향을 가지고 있다.

맛	청량함, 정향, 바나나, 바닐라, 빵 속살, 레몬
거품	강함
쓴맛	느껴지지 않거나 약함
당도	중간~강함
알코올	4.5~5.5%
예	헤페바이젠(HefeWeizen), 독일 파울라너 브루어리(Paulaner Brewery)

둥켈바이젠(Dunkelweizen)

둥켈바이젠은 강하게 볶은 몰트를 사용하는 것이 특징이다. 색이 더 진하며, 몰트와 캐러멜 향을 느낄 수 있다.

맛	몰트, 캐러멜, 정향, 바나나, 바닐라, 포도
거품	강함
쓴맛	느껴지지 않거나 약함
당도	중간
알코올	4.5%~5.5%
예	헤페바이스비어 둥켈(Hefe-Weissbier Dunkel), 독일 슈파텐-프란지스카너 브로이(Spaten-Franziskaner-Bräu)

베를리너 바이세(Berliner Weisse)

베를리너 바이세는 과거 베를린 지역에서만 찾아볼 수 있었지만, 시원하고 산뜻한 맛으로 인기를 얻고 있다. 이 맥주는 놀라운 산미를 보여주는데, 이는 매싱과 가열 단계 사이의 맥아즙 상태에서 배양되는 유산균(락토바실러스)에 의해 나타난다.

맛	산미, 레몬
거품	강함
쓴맛	느껴지지 않음
당도	약함
알코올	2.5~3.5%
예	베를리너 바이세(Berliner weisse), 프랑스 브라스리 뒤 몽 살레브(Brasserie du Mont Salève)

윗비어(Witbier)

바이젠비어의 벨기에 사촌이라고 할 수 있다. 독일 양조업체들과는 달리 벨기에에서는 향신료를 첨가하는데, 특히 씁쓸한 오렌지 껍질과 고수씨를 사용한다. 몰팅하지 않은 밀을 사용하기도 한다. 바이젠비어에 비해 효모를 덜 사용하여 가볍고 섬세하며, 갈증을 해소하기에 좋다.

맛	청량함, 산미, 꽃, 과일, 감귤류
거품	강함
쓴맛	느껴지지 않음
당도	중간
알코올	4.5~5.5%
예	블랑슈(Blanche), 프랑스 브라스리 생리욀(Brasserie Saint-Rieul)

클래식 벨기에 맥주

현재 전 세계 맥주의 주축은 미국이지만,
벨기에 맥주의 독창적인 스타일은 여전히 중요한 기준으로 남아 있다.

효모의 왕국

벨기에는 아주 오래된 맥주양조 전통의 수혜자이기도 하지만, 오늘날까지 다양한 규모의 양조 네트워크를 보존해왔으며, 그 중에는 가족 규모의 양조장도 있다. 수도원과 수도사들 역시 중요한 역할을 담당하고 있다. 그들은 부르고뉴 와인의 발전에 지대한 공을 세웠던 클뤼니(Cluny) 수도사들과 같은 존재라고 할 수 있다. 벨기에 스타일의 특징은 토착 효모균주에서 나온다. 수세기에 걸쳐 효모를 선별하여 과일향 에스테르, 나무와 향신료가 섞인 특유의 향이 완성되었다. 또한 향신료나 특정 당류를 첨가하는 경우도 매우 흔한데, 이를 통해 쉽게 알아볼 수 있는 벨기에 맥주의 특징이 만들어진다.

더블(Double) / 트리플(Triple)

이 이름은 발효 횟수와는 관계가 없다. 발효는 한 번만 한다. 사실 더블, 트리플이라는 명칭의 시작은 알코올 도수를 정확하게 측정하지 않았던 시절까지 거슬러 올라간다. 당시에는 알코올의 세기에 따라 술통에 십자를 한 개, 두 개, 세 개를 그려 표시했는데, 더블과 트리플의 구분이 특히 명확했다. 이 스타일은 입안에서 몰트의 향이 분명하게 느껴지며, 바디가 풍부하고 허브향이 두드러진다. 효모는 과일과 향신료 향을 내는데, 때때로 이 향이 더 강하게 느껴지기도 한다. 일부 벨기에 수도원이 훌륭한 더블, 트리플 맥주로 유명하지만 그들만의 전유물은 아니며, 퀘벡 지역에서도 이 스타일을 훌륭하게 해석한 맥주들을 찾아볼 수 있다.

맛	몰트, 견과류, 비스킷, 허브, 사과, 배, 나무, 향신료
거품	중간
쓴맛	약함
당도	중간~강함
알코올	6~7.5%(더블) 7.5~9.5%(트리플)
숙성 가능 기간	5년까지
예	트라피스트 베스트블레테렌 12(Trappist Westvleteren 12), 벨기에 베스트블레테렌(Westvleteren) 수도원

세종(Saison)

전통적으로는 곡물을 생산하는 농장에서 겨울에 양조하여 여름날 일하는 농부들에게 제공했던 맥주이다. 세종 효모균주가 이 맥주의 독특한 과일 향을 만들어낸다.

맛	오렌지, 레몬, 후추, 산미
거품	강함
쓴맛	약함
당도	약함
알코올	5~7%
예	세종 뒤퐁(Saison Dupont), 벨기에 브라스리 뒤퐁(Brasserie Dupont)

비에르 드 가르드(Biere De Garde)

이 스타일은 본래 효모가 좋지 않은 맛을 없앨 수 있도록 충분한 숙성을 거쳐 결점을 없앤 맥주를 가리켰다. 몰트향이 더 강하여 세종 맥주와 구분된다.

맛	몰트, 부드러움, 알코올, 지하 저장고
거품	강함
쓴맛	중간
당도	중간
알코올	6~8.5%
예	젠랭 앙브레(Jenlain ambrée), 프랑스 브라스리 젠랭(Brasserie Jenlain)

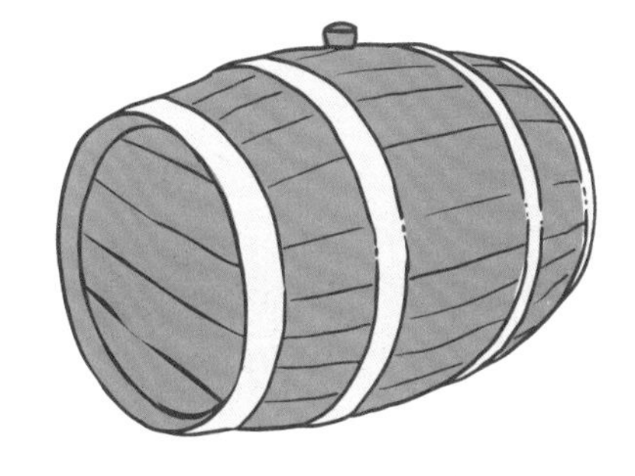

크리스마스 맥주 / 겨울 맥주

본래 벨기에 양조장에서 가을에 새로 수확한 재료를 들여놓기 전에 창고를 비울 목적으로 만들던 맥주이다. 색은 호박색에 가깝고, 바디는 밀도가 높고 풍부하다. 향신료를 첨가해 맛이 독특하다.

맛	캐러멜, 향신료, 감귤류
거품	중간
쓴맛	약함
당도	중간~강함
알코올	6~8%
예	라 디빈(La Divine), 프랑스 브라스리 베이라(Brasserie Veyrat)

신맛이 나는 벨기에 맥주

이 맥주들은 미생물의 작용으로 특유의 산미가 있다.

다시 찾은 신맛

소비자들은 아래 소개된 맥주들에서 고유의 신맛을 발견하고 매우 놀라곤 한다. 유산균 활동의 결과물인 이 '시큼함'은 옛날에는 식생활에서 매우 흔히 느낄 수 있는 맛이었지만, 냉장고의 등장과 살균의 일반화로 우리 환경에서 자취를 감추었다. 맥주에 신맛이 다시 돌아온 것은 주목할만한 일이며, 이와 함께 유산균을 관리하기 위해서는 상당한 노하우가 필요하다.

괴즈(Gueuze)

브뤼셀에서 유래한 괴즈는 보리와 밀 맥아즙을 발효시켜 만든다. 이때 의도적으로 맥아즙을 공기 중에 떠도는 미생물(특히 유산균과 브레타노미세스 효모)에 노출시킨다. 참나무통에서 6~18개월 동안 발효시킨 맥주는 '람빅(Lambic)'이라고 부른다. 괴즈는 엄밀히 말해 숙성년도가 서로 다른 람빅들을 블렌딩한 것이다.

맛	산미, 과일, (오래된) 흙
거품	약함
쓴맛	느껴지지 않음
당도	약함
알코올	5~8%
숙성 가능 기간	10년
예	괴즈(Gueuze), 벨기에 브라스리 캉티용(Brasserie Cantillon)

과일 람빅(Fruit Lambic)

양조탱크에서 발효하는 도중에 과일(체리, 라즈베리 또는 복숭아)을 첨가해 만든다. 야생효모가 모든 향을 만들어낸다. 체리 람빅은 크릭(Kriek)이라고 부른다. 크릭은 플랑드르어로 '그리오트(체리의 한 종류)'를 뜻한다.

맛	과일(특히 체리, 라즈베리), 산미
거품	약함
쓴맛	느껴지지 않음
당도	약함
알코올	5~7%
예	우드 크릭(Oude Kriek), 벨기에 브라스리 분(Brasserie Boon)

파로(Faro)

토착효모에 의한 발효를 돕기 위해 갈색설탕을 첨가한 람빅이다. 오늘날 파로는 드물게 찾아볼 수 있으며, 저렴한 테이블 맥주로 마신다.

맛	캐러멜
거품	강함
쓴맛	느껴지지 않음
당도	강함
알코올	4.5%
예	파로 람빅(Faro Lambic), 벨기에 브라스리 린데만스(Brasserie Lindemans)

플랜더스 레드(Flanders Red)

풍부한 맛을 가진 플랜더스 레드는 전통적인 발효 후 18개월 동안 참나무 통에서 숙성시켜 만든다. 나무 속의 미생물들이 일으키는 2차 발효가 이 맥주에 복합성을 더해주어 와인과 같은 풍미를 갖게 된다.

맛	체리, 오디, 초콜릿, 바닐라, 타닌
거품	약함
쓴맛	약함
당도	약함
알코올	4.5~6.5%
예	그랑 크뤼(Grand Cru), 벨기에 브라스리 로덴바흐(Brasserie Rodenbach)

라거 Lagers

라거 또는 하면발효 맥주는 가장 흔히 찾아볼 수 있는 스타일이다.
다양한 종류가 널리 알려져 있다.

하면발효

'보존하다'라는 뜻의 독일어 라거(Lager)는 일반적으로 하면발효 방식으로 만들어진 모든 맥주를 일컫는다. 라거에는 사카로미세스 우바룸(*Saccharomyces uvarum*)이라는 효모를 사용한다. 전통적으로 바이에른의 양조업자들은 효모를 선별하는 초기단계부터 서늘한 저장고에서 발효가 장기간 진행되도록 관리하는데, 이것이 섬세한 꽃향이 발달하는 열쇠이다. 라거라는 일반적인 명칭은 보통 알코올 도수가 낮은 맑은 맥주를 가리키며, 라거의 청량감은 주된 논쟁거리가 되기도 한다.

필스(Pils) / 필스너(Pilsner)

라거의 여왕인 체코 필스너는 사츠(Saaz) 홉의 섬세한 식물향과 향신료향을 자랑한다. 독일 필스너는 현지의 노블(Noble) 홉을 사용하여 만든다.

맛	베이스 몰트, 홉, 허브, 향신료, 꽃, 꿀
거품	강함
쓴맛	강함
당도	약함
알코올	4.5~5.5%
예	필스너 우르켈(Pilsner Urguell), 체코 필스너 우르켈 브루어리(Pilsner Urquell Brewery)

슈바르츠비어(Schwarzbier)

볶은 몰트에서 나오는 가벼운 구운 향이 몰트와 캐러멜의 단맛을 강조한다. 독일 홉의 허브향이 두드러진다.

맛	몰트, 가벼운 구운 향, 가벼운 캐러멜, 허브, 청량함
거품	강함
쓴맛	중간
당도	약함
알코올	4.5~5.5%
예	노바 누아르(Nova Noire), 프랑스 브라스리 드모리(Brasserie Demory)

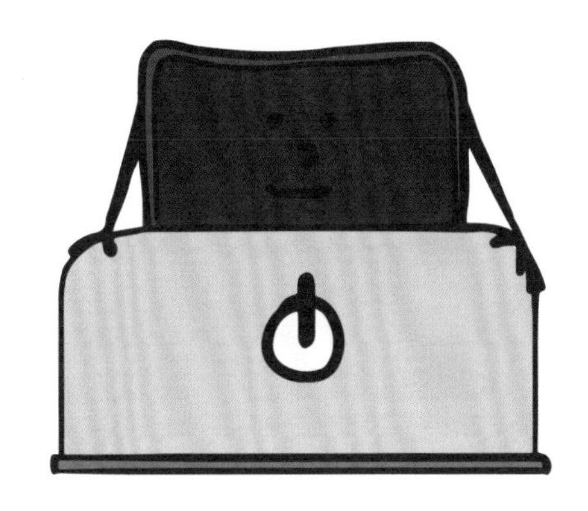

라이트 맥주(Light / Lite Beer)

열량과 알코올 함량을 낮춘 필스너로 맛이 매우 약하다. 미국에서 특히 인기가 있다.

맛	청량함
거품	강함
쓴맛	약함
당도	거의 없음
알코올	2.2~3.5%
예	버드 라이트(Bud Lite), 미국 버드와이저 브루어리(Budweiser Brewery)

옥토버페스트(Oktoberfest) / 메르첸(**Märzen**)

전통적으로 추위가 끝나가는 3월에 양조하여 서늘한 저장고에서 여름내 숙성시킨다. 10월에 마신다.

맛	구운 몰트, 가벼운 캐러멜
거품	중간
쓴맛	약함
당도	약함
알코올	4.5~5.5%
예	옥토버페스트(Oktoberfest), 독일 슈파텐-프란지스카너 브로이(Spaten-Franziskaner-Bräu)

라거 Lagers

라거는 전 세계에서 가장 인기 많은 맥주이지만, 단지 필스너 스타일로만 정리되지는 않는다.

세계 정복을 위하여

19세기까지 하면발효 맥주는 독일어권 국가의 전유물이었다. 그 전통은 16세기까지 거슬러 올라가는데, 당시 바이에른의 양조업자들은 몇몇 효모가 서늘한 저장고 속에서 긴 발효과정을 거치며 활발하게 작용하는 것을 발견했다. 이 과정에서 전통적인 효모보다 더 섬세한 향이 발달한다는 것도 알아냈다. 인공적인 저온유지 기술의 발명은 생산과정의 산업화를 이끌어냈고, 하면발효 맥주는 뛰어난 품질로 시장을 장악하며 조금씩 상면발효 맥주의 입지를 위협하기에 이르렀다.

알트비어(Altbier)

뒤셀도르프의 명물로 섬세함이 특징이다. 과일향이 느껴지며, 구운 향과 쓴맛 사이에서 조화로운 풍미를 보여준다. 헤이즐넛의 섬세한 향이 여운으로 남는다.

맛	헤이즐넛, 구운 빵, 허브, 향신료
거품	중간
쓴맛	중간, 조화로움
당도	약함
알코올	4.5~5.5%
예	알트비어(Altbier), 프랑스 브라스리 생조르주(Brasserie Saint-Georges)

헬레스(Helles)

필스너에 비해 몰트가 더 많이 들어간 라거로 쓴맛이 느껴지며, 홉의 맛은 상대적으로 덜하다.

맛	몰트, 구운 향
거품	중간
쓴맛	약함
당도	중간
알코올	4.5~6%
예	뮌흐너 헬레스(Münchner Helles), 독일 하커프쇼르 브루어리(Hacker-Pschorr Brewery)

보크(Bock)

바이에른 맥주로 몰트향이 풍부하다. 도펠보크(Doppelbock)는 알코올 도수를 10%까지 끌어올릴 수 있으며, 그런 경우에는 보통 접미사 아토르(-ator)로 끝나는 이름을 붙인다.

맛	몰트향, 캐러멜
거품	중간, 조화로움
쓴맛	약함~중간
당도	중간
알코올	6~10%
예	살바토르(Salvator), 독일 파울라너 브루어리(Paulaner Brewery)

아이스보크(Eisbock)

이 특별한 맥주는 발효가 끝난 보크를 얼려서 만든다. 얼음은 건져내고 진한 향과 알코올의 농축액만 남긴다.

맛	몰트, 캐러멜, 자두, 포도
거품	약함
쓴맛	중간~조화로움
당도	강함
알코올	9~14%
예	바이젠 아이스보크(Weizen-Eisbock), 독일 슈나이더 바이세(Schneider Weisse)

켈러비어(Kellerbier)

이 스타일이 어려운 점은 맥주의 숙성 정도에 따라 맛이 좌우된다는 점이다. 켈러비어는 기본적으로 발효가 완전히 끝나기 전의 메르첸 통이나 켈러 통에서 바로 따라 마신다. 여과나 살균 과정이 없기 때문에 활동이 중단된 효모가 섞여 있는데, 이것이 크리미한 질감과 보통 라거에는 존재하지 않는 향을 느낄 수 있게 해준다.

맛	크림, 청량함, 버터, 식물
거품	약함
쓴맛	중간
당도	약함
알코올	4.5~5.5%
예	뮌흐너 켈러비어 아노 1417(Münchner Kellerbier Anno 1417), 독일 하커프쇼르 브루어리(Hacker-Pschorr Brewery)

독특한 맥주들

당신의 미각을 자극하고 새로운 관점을 열어줄 놀랍고도 특별한 맥주들을 소개한다.

선택의 어려움

다시 이야기하지만, 스타일의 개념은 매우 상대적이다. 스타일은 역사적으로 전해내려온 기술적인 제약이나 수급, 그리고 지역이나 더 넓은 범위에서 반복해온 생산방식 등의 영향을 받는다. 맥주의 세계는 크게 필스너 스타일의 지배를 받고 있지만(그래서 보통은 나쁘고, 이따금 좋은 점도 있다), 30년 전부터 생겨나기 시작한 소규모 양조장들은 다양성에 희망을 걸고 있다. 인디아 페일 에일과 같은 일부 스타일은 그 이름을 인정받기도 했지만, 더 특이한 다른 맥주들은 종종 단 한 가지 요소 때문에 당황스러운 맛으로 알려지기도 한다. 그러나 여기에도 나름대로 즐거움이 있다.

고제(Gose)

'고제'라고 읽는다. 밀의 비중이 높고, 소금과 고수씨를 사용하며, 발효에 젖산을 사용한다. 라이프치히의 전통 맥주로 청량함과 의외의 짠맛이 어우러지며, 몇 년 전부터 인기를 얻고 있다.

맛	청량함, 소금, 젖산, 고수, 과일
거품	강함
쓴맛	느껴지지 않음
당도	매우 약함
알코올	4~5%
예	고제이아(Gose'illa), 프랑스 브라스리 드 쉴로즈(Brasserie de Sulauze)

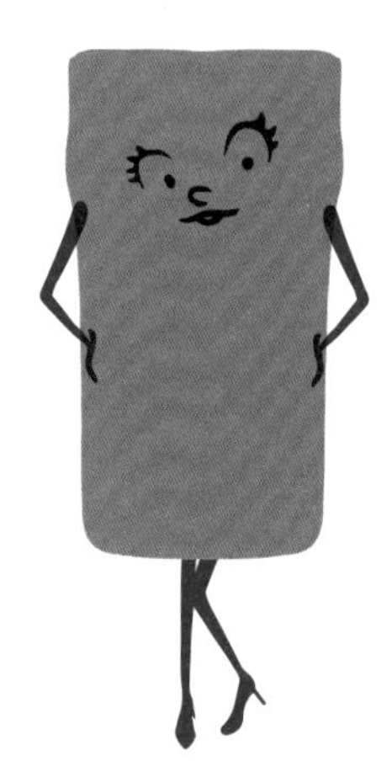

발틱 포터(Baltic Porter)

전통적으로 발트해 연안 양조장들이 변형시킨 포터 스타일로 하면발효 효모를 이용한다. 임페리얼 스타우트와 비슷해 보이지만, 더 섬세한 균형을 이루고 있다.

맛	초콜릿, 구운 향, 캐러멜, 견과류, 붉은 과일
거품	중간
쓴맛	약함
당도	중간
알코올	6~9.5%
예	발틱 포터(Baltic Porter), 프랑스 브라스리 라 데보슈(Brasserie La Débauche)

라우흐비어(Rauchbier)

훈제 몰트를 사용한 독특한 맥주이다. 훈제에는 보통 너도밤나무를 사용하며, 맥주의 품질은 사용하는 몰트에 따라 달라진다. 훈제 몰트는 어떤 스타일에나 사용할 수 있으며, 분량도 다양하게 조절할 수 있다. 일반적으로 몰트의 맛을 강조한 맥주이다.

맛	훈제향(가벼움~진함), 몰트, 캐러멜, 구운 향
거품	중간
쓴맛	중간
당도	중간
알코올	다양함
예	에히트 슈렝케를라 라우흐비어 메르첸(Aecht Schlenkerla Rauchbier Märzen), 독일 브라우어라이 헬러(Brauerei Heller)

로겐비어(Roggenbier)

로겐비어는 영어로 라이 비어(Rye Beer)이며, 하나의 스타일이라기보다 호밀 몰트를 사용해 만든 맥주를 말한다. 호밀은 향신료향과 함께 강한 맛을 낸다. 베이스 몰트나 로스티드 몰트와 섞어 양조에 사용할 수도 있다.

맛	호밀빵, 향신료, 산미
거품	강함
쓴맛	다양함
당도	강함
알코올	다양함
예	로겐(Roggen), 독일 파울라너 브루어리(Paulaner Brewery)

캘리포니아 커먼(California Common)

진정한 의미에서 최초의 미국 맥주. 골드러시 시대 캘리포니아에서 탄생했다. 특별한 점은 하면발효 효모를 사용해 상온에서 발효를 진행하는 것으로 훌륭한 과일향을 맛볼 수 있다.

맛	과일, 나무, 식물, 캐러멜
거품	중간
쓴맛	중간~강함
당도	약함~중간
알코올	4.5~5.5%
예	스팀 비어(Steam Beer), 미국 앵커 브루잉 컴퍼니(Anchor Brewing Company)

스타일 카드

다양한 스타일의 세계가 정글처럼 느껴지는가?
이 표가 여러분에게 더 나은 길잡이가 될 것이다.

하면발효 / 라거

사카로미세스 우바룸

필스너

독일

독일 라거

메르첸

슈바르츠비어

알트비어

헬레스

켈러비어

보크

둥켈보크

아이스보크

비정형 발효

유산균, 브레타노미세스, 아세트산균

람빅

괴즈

과일 람빅

파로

미국

아메리칸 라거

라이트 맥주

캘리포니아 커먼

하면발효 효모를 사용한 상온발효

상면발효

사카로미세스 세레비시아

벨기에

더블

트리플

세종

비에르 드 가르드

우트 브륀

윗비어

플랜더스 레드

비정형 상면발효

페일 에일(영국, 미국)

인디아 페일 에일

아메리칸 IPA

뉴잉글랜드 페일 에일

발리 와인

스카치 에일

비터

독일

바이젠비어

크리스탈바이젠

헤페바이젠

둥켈바이젠

고제

비정형 상면발효

베를리너 바이세

비정형 상면발효

라우흐비어

로겐비어

영국 흑맥주

스타우트

아이리시 스타우트

오트밀 스타우트

임페리얼 스타우트

포터

로부스트 포터

발틱 포터

브라운 에일

중세 시대

지금까지 가내 생산으로 한정되던 맥주는
전문화한 생산으로 전환기를 맞이하였다.

세르부아즈에서 맥주로

세르부아즈에서 홉을 넣은 맥주로 변화하게 된 것은 중세 시대이다. 노르망디의 생방드리유 수도원에 남아 있는 835년의 물품명세서에는 곡물을 중심으로 홉을 넣어 만든 음료가 최초로 기록되어 있다. 당시의 양조자들은 홉을 넣은 세르부아즈의 저장성이 더 좋다는 사실을 알아냈고, 이전 방식의 세르부아즈는 그 후로도 몇 세기 동안 존재했지만 홉을 쓰는 방식이 널리 퍼지기 시작했다. 라틴어 비베레(bibere, 마시다)가 변형된 맥주(bière, bier 또는 beer)라는 용어는 홉이 결정적인 역할을 하며 쓴맛이 뚜렷한 이 음료를 가리키게 되었고, 전 세계로 퍼져 나갔다.

수도원의 중요성

맥주는 조금씩 가내 생산의 영역을 벗어나고 있었다. 대규모 농업은 몰트의 생산 규모를 확보할 수 있게 해주었다. 몰트는 농장에서 양조에 사용되거나, 당시 상업과 문화교류가 일어나는 장소였던 도시와 수도원으로 보내졌다. 맥주는 수도사들의 생활 중심에 있었다. 10세기에 생갈 수도원에서는 하루에 맥주 5ℓ가 배급되었다. 맥주는 단식 기간에도 많이 마실 수 있었다. 또한 병원에서도 맥주를 파는 곳을 찾을 수 있었는데, 당시 맥주는 많은 질환의 치료제로 여겨졌다.

수입의 원천

독일 문화권에서는 의회가 홉에는 세금을 매겼던 반면, 종교 당국이 오랫동안 그루트(gruit, 맥주에 향을 내는 재료로 여러 식물을 섞은 것)의 생산을 독점하고 있었다. 이 원재료는 엄청난 수입의 원천이었다.

본격적인 다양화

이미 중세 시대에 다소 비싸고 고급스러운 맥주들과 함께 다양성이 나타나기 시작했다. 양조자들은 몰트의 양을 늘려 맥주의 알코올 도수를 높이는 방법을 잘 알고 있었다. 벨기에의 트리플과 더블 스타일을 만들어낸 것도 중세의 수도사들이었다. 나무통에 십자를 3개 표시해둔 도수 높은 맥주는 와인과 같은 값에 팔렸다. 십자가 2개 그려진 도수가 덜 높은 맥주는 식당에서, 또는 축제 때 팔렸다. 일반적인 맥주는 알코올 도수가 낮아(2% 수준) 씹지 않고 그대로 삼키는 유동식처럼 여겨졌으며, 일상적으로 소비되었다.

전문화를 향하여

맥주는 수도사들의 전유물이 아니었다. 12세기 파리에는 약 30여 명의 세르부아즈 생산자가 활동하고 있었다. 그들 중에는 여성도 있었으며, 보통 남편을 잃은 미망인들이었다. 또한 그 중 1/4은 영국, 플랑드르, 독일 등에서 건너온 외국인들이었다. 1469년부터는 세르부아즈 생산자와 맥주 생산자를 구분하기 시작했다. 이 직종은 처음에는 상당히 자유로웠지만, 점차 규제가 생기기 시작했다. 12세기와 17세기 사이에는 의무 견습 기간이 1년에서 5년까지 늘어났으며, 견습을 마친 후보자는 양조 마스터 앞에서 작업한 결과물을 선보여야 했다. 조합에서는 파리 내의 양조업자 수를 제한했으며, 재료와 위생, 생산방식에 대한 엄격한 규칙을 만들었다. 또한 조합은 양조업자와 음료 매상을 통제할 권리도 갖고 있었으며, 과실이 발견될 경우에는 처벌하기도 했다.

CHAPTER N°6

세계의 맥주

현재 세계를 지배하고 있는 맥주의 모델은 약 1,000년 전 유럽에서 일반화되었던 홉을 넣은 맥주이다. 이후 각 대륙마다 독특한 방식이 발전했지만, 아시아에서든 미국에서든 찾아볼 수 있는, 비슷한 맛으로 만들어진 산업화한 라거 스타일이 지배적이다. 그러나 수많은 소규모의 양조장들이 훌륭한 혁신으로 세계 곳곳에서 발전하고 있다.

독일과 그 이웃 체코

맥주 문화는 맥주의 생산과 소비가 매우 높은 독일과
체코에 깊이 뿌리내리고 있다.

전통의 계승

게르만족과 슬라브족은 매우 오래 전부터 맥주를 양조해왔다. 독일은 19세기 중반 산업화가 확산된 이후 하면발효 기술이 발달했다. 하지만 맥주에 다른 곡물과 허브를 제외하고 보리와 홉만을 사용해야 한다는 맥주 순수령(Reinheitsgebot)이 엄격하게 적용되면서 1870년 이후에는 풍요로웠던 양조 문화가 빈곤해졌다. 맥주 순수령은 프러시아의 대규모 양조장에 유리하게 작용했다.

할러타우(Hallertau)

바이에른에 속하는 뮌헨 북쪽 1만 7,000헥타르 규모의 경작지에서 매년 독일에서 수확되는 홉 3만 톤의 대부분을 생산한다. 이는 세계 생산량의 약 1/3을 차지하며, 상당량이 수출된다.

프랑켄(Franken)

역시 바이에른에 속하는 이 지역은 독일의 양조문화가 집결된 곳이다. 인구 5,500명당 양조장이 하나씩 있는 이 지역에는 독일 양조장의 23%가 자리잡고 있다. 훈제 몰트로 양조한 라우흐비어로 유명한 중세 도시 밤베르크(Bamberg)를 방문해볼 만하다.

바이엔슈테판 (Weihenstephan)

1040년 프라이징(Freising)에 문을 연 이 양조장은 세계에서 가장 오래된 곳으로 기록되어 있다.

웨팅어 필스 (Oettinger Pils)

독일에서 가장 많이 소비되는 브랜드이다.

자테츠(Žatec)

자테츠 지역에서는 매년 약 6,000톤의 홉이 생산된다. 사츠(Saaz) 품종을 주로 재배하며, 따라갈 수 없는 품질로 전 세계에서 인기를 누리고 있다. 이곳에서는 거의 천년 전부터 홉 농사를 지어왔다.

베를리너 바이세 (Berliner Weisse)

산미가 있는 이 맥주는 1989년 베를린 장벽이 무너진 이후 르네상스를 맞았다. 뜨거운 여름날 그대로 즐기거나, 또는 약간의 시럽을 넣어 마신다.

플젠(Plzeň)

체코의 도시 플젠은 한때 오스트리아-헝가리제국에 속했다. 1842년 바이에른의 양조업자 조셉 그롤(Joseph Groll)이 이곳에 하면발효 양조장을 지었다. 그는 지역의 훌륭한 홉(사츠 품종)과 미네랄이 매우 적은 물, 베이스 몰트를 사용해 이후 전 세계를 정복하는 '필스너'를 만들어냈다.

독일의 예외성

1,400개의 양조장이 있는 독일은 서구 세계에서 그 위치가 특별했지만, 20세기 후반에 자본이 집중되면서 양조장의 수가 감소했다. 그러나 이 수치는 지역간 격차를 숨기고 있는데, 양조장의 절반이 바이에른에 몰려 있기 때문이다. 다른 곳과 마찬가지로 필스너 스타일의 맥주가 지배적이지만, 그럼에도 불구하고 독일은 매우 다양한 맥주 스타일이 있다는 점에서 구별된다. 밀맥주는 전체 소비량의 10%에 불과하지만 나름의 입지를 확보하고 있다. 실제로 독일인들은 보리보다 더 까다로운 이 곡물을 사용한 양조 기술이 탁월하다.

벨기에

이 작은 나라는 맥주 생산으로 양조 분야에서 명성을 떨치고 있다.

작은 나라, 위대한 맥주

프랑스인들에게는 아직도 '편평한 나라'라는 이미지와 벨기에 맥주를 분리해서 생각하기가 쉽지 않다. 벨기에 맥주는 오랫동안 프랑스에서 쉽게 만날 수 있었던 유일하게 품질 좋은 맥주였다. 왈론, 플랑드르, 브뤼셀, 이 세 지역으로 이루어진 벨기에는 거대기업의 공세에 저항하는 훌륭한 가족 양조장들이 그 명맥을 잘 이어가고 있다. 벨기에 맥주는 해외로 수출이 잘 되며, 영감을 주는 역할도 한다. 오랫동안 잘 알려지지 않았던 세종 스타일은 미국 양조업자들에게 그 존재가 발견된 이후 효모의 과일향을 대중화하면서 많은 인기를 얻었다.

트라피스트(Trappist) 양조장

전 세계에 '공식적인' 트라피스트 맥주 양조장은 열 곳이 있다. 그 중에서 베스트말러(Westmalle), 베스트블레테렌(Westvleteren), 아헬(Achel), 시메이(Chimay), 오르발(Orval), 로슈포르(Rochefort) 등 여섯 곳이 벨기에에 있다.

포페린게(Poperinge) 지역

포페린게 지역에서는 180헥타르에서 연간 400톤의 홉이 재배된다. 벨기에의 홉 생산량은 적지만, 새로운 양조장을 중심으로 수요가 늘어나고 있어서 앞으로 번창할 것으로 예상된다.

세느(Senne)강 유역

브뤼셀 지역을 흐르는 이 작은 강 유역의 공기는 브레타노미세스 브뤼셀렌시스(*Brettanomyces bruxellensis*)를 중심으로 하는 특별한 야생효모를 함유하고 있어서 독특한 맛을 가진 람빅 맥주가 만들어진다. 특별한 노하우가 필요한 자연발효 방식으로 생산되는 맥주는 산업혁명 이전의 맥주 맛에 대한 유일한 증거이다.

주필러(Jupiler)

벨기에에서 가장 많이 판매되는 맥주 브랜드이다.

브라스리 캉티용 (Brasserie Cantillon)

괴즈를 생산하는 캉티용 양조장은 진정한 맥주 애호가라면 꼭 방문해야 할 곳이다. 방문객들에게 개방되어 있으며, 다양한 람빅과 괴즈 맥주를 맛볼 수 있다. 하지만 이 독특한 맥주는 신맛이 강하다는 점을 알아두자.

유네스코 세계문화유산으로

2016년 11월 30일, 벨기에 맥주는 공식적으로 유네스코 세계문화유산에 등재되었다. 이는 벨기에 양조기술이 가진 비교 불가한 다양성과 위대한 전통을 인정받은 것이다.

영국제도

일조량이 부족한 영국제도는 와인보다는 맥주를 만들기에 적합한 환경이었다.

확장지향적 문화

대영제국이 가진 세계적 강대국이란 지위 덕분에 맥주 문화는 전 세계로 확산될 수 있었다. 오랫동안 대영제국에 속했던 아일랜드는 이런 역동성을 공유했지만, 현재는 아일랜드 국내 소비의 36%를 차지하는 스타우트의 특별한 맛으로 구분된다. 맥주 문화가 약화되고 표준화된 이후, 영국과 아일랜드는 옛 스타일의 부흥에 동참하면서 새로운 소규모 양조장들의 설립을 목격하고 있다.

버턴어폰트렌트(Burton Upon Trent)

버턴어폰트렌트의 물은 황산염이 풍부해 1820년대에 많은 양조장들이 이곳에 세워졌다. 이들은 물의 특수성을 이용해 홉의 맛을 강조하는 페일 에일과 인디아 페일 에일 스타일의 맥주를 생산했다.

런던

대영제국의 중심인 런던은 18세기에 지구상에서 가장 인구가 많은 도시이자 산업혁명을 이끈 도시였다. 그 영향으로 양조장들도 자본을 유치하고 세계적인 기업으로 성장했다.

홉 재배

2016년에 켄트(Kent)주, 헤리퍼드셔(Herefordshire)주, 우스터셔(Worcestershire)주의 경작지에서 약 2,000톤의 홉이 생산되었다. 28종의 상업용 품종이 재배되고 있으며, 그 중 훌륭한 향을 자랑하는 퍼글(Fuggle)과 이스트 켄트 골딩(East Kent Golding)이 가장 유명하다. 생산량의 절반은 수출된다.

마리스 오터(Maris Otter)

1960년대에 만들어져 오랫동안 잊혀져 있던 이 보리 품종은 좋은 향이 특징으로, 크래프트 맥주 양조장과 아마추어 양조자들로부터 호평을 받았다.

몰슨 쿠어스(Molson Coors)의 칼링(Carling)

영국에서 가장 많이 소비되는 라거 브랜드이다.

기네스(Guinness)

1777년 더블린에 세워진 기네스 양조장은 스타우트를 생산한다. 역사적으로 대영제국 확장으로 이득을 보며 1886년에는 세계 최대의 양조장에 등극했다. 오늘날 전 세계에서 다양한 버전의 기네스 스타우트(Guinness Stout)가 라이센스 계약을 통해 생산되고 있다.

맥주를 위한 공간, 펍

2016년, 영국에는 5만 2,000개의 펍이 있었다. 그러나 사교의 장소이자 다양한 맥주를 맛볼 수 있는 공간인 펍의 상당수가 문을 닫고 있으며, 맥주는 점차 가정에서 소비하는 추세이다.

미국

지난 20년 동안 미국은 품질 좋은 맥주를 생산하는 대표적인 국가로 성장했다.

아주 특별한 르네상스

맥주는 19세기에 미국의 놀라운 성장과 함께 했다. 그 바탕에는 다른 유럽 국가의 영향을 받아 풍성해진 영국식 전통이 있었다. 1919년 새롭게 탄생한 문화에 사형을 선고한 금주령이 내려지기 전까지, 지역적 제약과 내수시장의 특성은 새로운 맥주 스타일의 등장을 이끌어냈다. 이후에는 다른 나라와 마찬가지로 미국에서도 라거 스타일이 지배적이었다. 1980년대 초반에 이르러서야 캘리포니아주와 매사추세츠주 보스턴의 대담한 젊은 양조업자들이 참신함과 전통으로의 회귀를 시도하게 되었다. 현재 미국이 이룩한 발전은 인터넷에서도 많이 찾아볼 수 있는 크래프트 맥주 생산의 우수성 덕분이다. 미국 표준의 새로운 주도세력이 나타날지도 모른다.

뉴욕 맨해튼

1612년 아드리안 블록(Adrian Block)과 한스 크리스티안센(Hans Christiansen)은 그 당시 네덜란드 식민지였던 뉴암스테르담(지금의 뉴욕 맨해튼)에 신대륙의 첫 양조장을 설립했다.

세계 최대 생산국

연간 생산량 3만 6000톤으로 전 세계 홉 생산량의 42%를 차지하는 미국은 홉의 최대 생산국이다. 아로마 홉 품종이 생산량의 대부분을 차지한다.

전통을 부활시킨 북서부

아메리칸 홉의 전통적 요람은 최초의 영국 식민지였던 매사추세츠주이다. 현재는 북서부 3개 주, 특히 워싱턴주에서 집중적으로 재배되고 있다. 뉴욕주에서도 소규모 농장주들이 홉을 재배하여 지역 농산물 소비에 관심을 갖고 있는 많은 양조장에 납품하고 있다.

아메리칸 IPA

1980년대 초 캘리포니아에 등장한 이 스타일은 크래프트 양조장의 부활을 상징한다. 홉의 쓴 맛과 강한 감귤류향이 특징이다.

AB인베브(AB inBev)의 버드 라이트(Bud Light)

이 가벼운 라거는 미국에서 가장 인기 있는 맥주이다. 버드와이저(Budweiser)보다 가볍다.

좋았던 시절처럼

2016년 미국 전역의 양조장 수는 생산시설과 브루펍(brewpub)을 통틀어 5,300개로 집계되었다. 이는 1870년대 구축했던 양조 업체망의 규모와 견줄 만하다. 그러나 매년 20%에 달하는 성장세에도 불구하고 크래프트 양조장의 생산량은 미국 내 전체 생산량의 12%에 불과하다.

동아시아

맥주는 중국, 한국, 일본에서 지배적인 위치를 차지하고 있으며, 이들 국가의 오래된 증류주 또는 발효주와 공존하고 있다.

최근의 인기와 큰 성공

곡물을 발효한 술은 동아시아에 오래 전부터 존재했다. 그러나 잘 알려져 있듯이 홉 맥주의 모델은 19세기에 이르러서야 이 지역에 전해졌다. 메이지 시대에 일본은 서구의 영향을 받아 맥주, 특히 독일의 영향을 받은 라거 스타일을 받아들였다. 일제강점기 동안 이 영향은 한반도에까지 전해졌다. 맥주는 외국의 모든 유혹을 거부하는 것에 자부심을 가지고 있는 북한에서조차 인기가 있다. 중국에서는 독일이 칭다오를 점령하고 있던 1903년에 최초의 대규모 서양식 양조장이 세워졌다. 현재 전 세계에 유통되고 있는 칭다오(Tsingtao) 브랜드가 바로 이곳에서 태어났다. 아시아에서는 맥주가 전통 곡주와 공존하며 성장하고 있다.

칭다오(Qingdao)

중국의 항구 도시로 1898년부터 1914년까지 독일의 조차지였다. 바로 이 시기에 중국 최초의 대규모 양조장이 탄생했다.

중국 홉

중국의 홉은 베이징에서 멀지 않은 황하강 상류 유역과 신장현의 오아시스에서 집중적으로 재배되며, 연간 생산량은 1만톤에 이른다.

스노우(Snow)

설화(雪花) 맥주라고도 하는 이 라거 맥주는 중국에서 가장 많이 팔리는 맥주이면서, 전 세계에서 가장 많이 팔리는 맥주이기도 하다. 중국 밖으로 수출되지도 않는데 말이다.

황주(黃酒)

서양에는 곡물(밀, 차조, 쌀, 수수)을 기반으로 한 황주에 견줄 만한 술이 없다. 황주의 재료는 맥주와 유사하지만, 맛의 성격은 오히려 와인에 더 가깝다.

사케(Sake)

일본에서 인기 있는 술인 사케의 기본 재료는 쌀이다. 맥주와 마찬가지로 오늘날 사케 양조는 전통적인 공정과 맛의 재발견에 힘입어 수제 생산 방식의 부흥을 맞고 있다.

막걸리

이 한국 술의 알코올 도수는 5~10%이다. 유백색에 달짝지근한 맛이 나며, 쌀로 만들지만 때때로 곡물이나 고구마를 쓰기도 한다.

9,000년의 역사를 가진 술

현재까지 알려진 가장 오래된 곡물 발효주의 나이는 9,000살로 중동부 지방의 허난성에서 발견되었다. 쌀을 이용해 만든 술로, 꿀과 과일의 흔적도 찾아볼 수 있다.

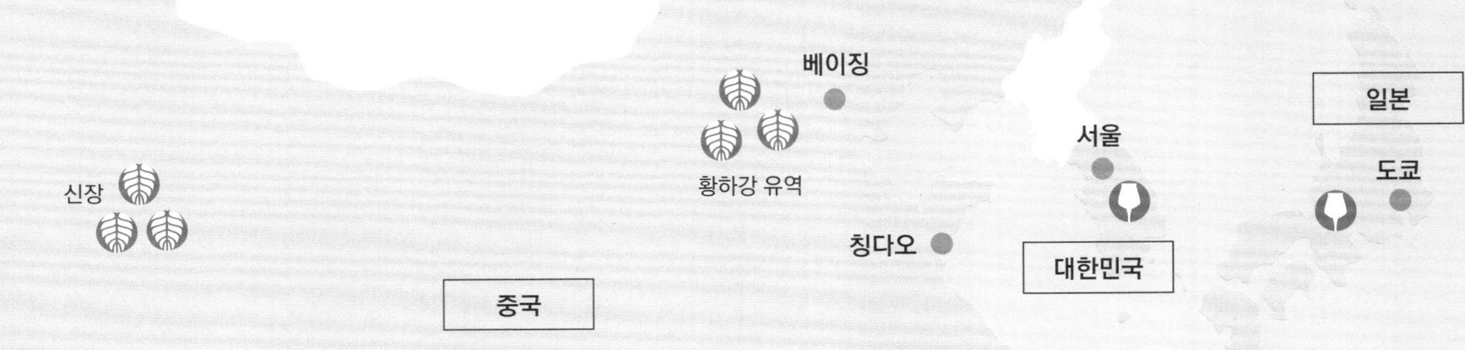

아프리카

인구 증가와 경제 성장으로 아프리카 대륙의 맥주 시장은
엄청난 가능성을 보여주고 있다.

변화하는 맥주의 땅

유럽인들이 도착하기 훨씬 전부터 아프리카에서는 곡물 발효주를 마셔왔다. 식민 기간 동안 유럽인들은 아프리카에 '홉 맥주'라는 개념을 들여왔다. 경제와 인구가 급격하게 성장하고 중산층이 확대되면서 최근 몇 년간 아프리카 대륙에서 맥주 소비는 연간 5 %의 증가세를 보이고 있다. 몇몇 예외를 제외하면 여러 아프리카 국가들의 시장은 세계 1위 AB인베브(AB InBev)의 자회사 SAB밀러(SABMiller), 기네스를 생산하는 디아지오(Diageo) 또는 불어권 국가들에 잘 자리잡은 카스텔(Castel)과 같은 대기업과 연결된 독점 형태를 보이고 있다.

돌로(Dolo)

말리와 부르키나파소의 전통 맥주로, 발아시킨 조를 사용하여 만든다.

카시키시(Kasi-Kisi)

탄자니아, 우간다, 르완다, 부룬디의 특산물인 전통 맥주로, 알코올 도수가 5~15%이다. 잘 익은 플랜틴 바나나의 과육을 으깨 조 또는 수수의 몰트를 첨가한 후 발효시킨다.

기네스(Guinness)

이 아일랜드 브랜드는 1827년 라이베리아를 시작으로 아마도 아프리카에 가장 많이 수출된 맥주일 것이다. 기네스는 나이지리아, 카메룬, 가나, 우간다와 마찬가지로 라이베리아에도 자체 양조장을 가지고 있다. 또한 다른 기업과 라이센스 계약을 통해 아프리카 대부분의 국가에서 기네스를 볼 수 있다.

에티오피아

2015년 3만 3,000톤의 홉을 생산한 에티오피아는 미국과 독일에 이어 세계 3위의 홉 생산국이다.

카사바 맥주

2015년부터 세계 1위 AB인베브의 자회사인 SAB밀러는 모잠비크에서 카사바 70%, 몰트 30%로 만든 맥주를 개발하면서 전통주에만 사용되던 카사바(cassava)를 최초로 산업화하였다. 무엇보다도 이를 통해 수입 몰트의 대안을 제시하고, 현지 농가에 일거리를 제공할 수 있게 되었다. 불과 몇 달 만에 임팔라(Impala) 맥주는 현지에서 시장 점유율 30%를 달성했다.

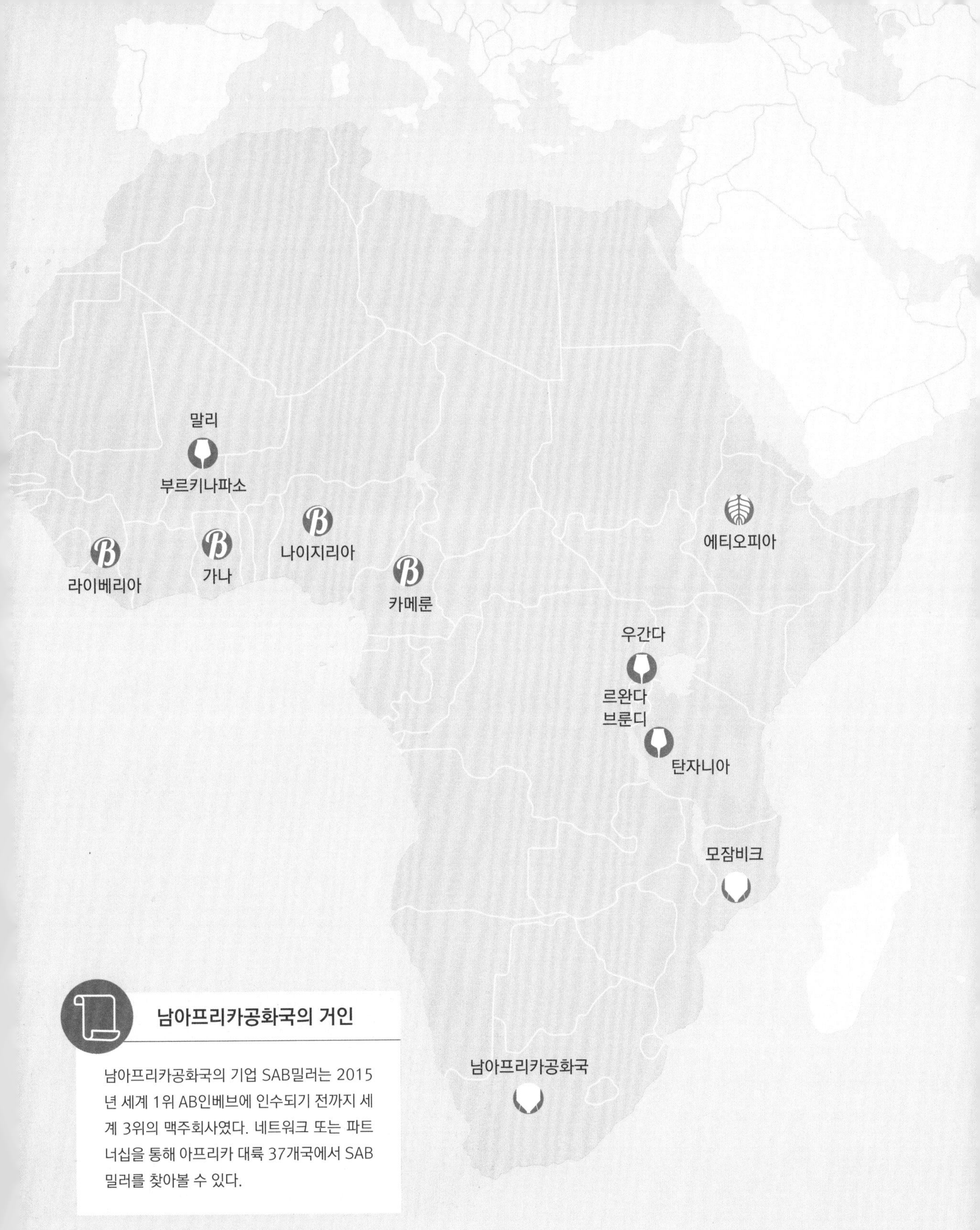

말리

부르키나파소

라이베리아

가나

나이지리아

카메룬

에티오피아

우간다

르완다

브룬디

탄자니아

모잠비크

남아프리카공화국

남아프리카공화국의 거인

남아프리카공화국의 기업 SAB밀러는 2015년 세계 1위 AB인베브에 인수되기 전까지 세계 3위의 맥주회사였다. 네트워크 또는 파트너십을 통해 아프리카 대륙 37개국에서 SAB밀러를 찾아볼 수 있다.

산업혁명

19세기 양조업은 생산이 질적으로 발전하면서
새로운 국면을 맞이했다.

새로운 기회

산업혁명은 실질적으로 영국에서 18세기 후반부터 시작되었다. 이는 지속적인 인구 증가와 풍부하고 값싼 노동력으로 인한 도시화 현상, 그리고 영국 본토의 철광과 탄광에 기인한다. 19세기에는 이러한 여러 요인들로 인해 서구의 지배를 받던 국가에서 놀라운 경제 발전이 일어날 수 있었다. 맥주도 이런 현상에서 예외가 아니었고, 가족 양조장 외에도 양조와 직접적인 연관성이 없는 투자자의 주도로 설립된 양조장들이 나타났다. 온도계와 맥아즙의 당도를 측정하는 비중계가 발명되면서 이 분야는 큰 도움을 받을 수 있었다.

과학의 도입

이 시기부터는 좋든 나쁘든 매우 큰 규모의 양조가 가능해졌다. 1814년에는 뫼 앤 코(Meux & Co.) 양조장의 포터 맥주통이 터지면서 150만ℓ가 쏟아져 집 두 채가 휩쓸려갔고 8명이 익사하는 일이 벌어졌다. 몇 년 후인 1886년, 기네스는 연간 1억 8,600만ℓ를 생산하며 세계에서 가장 큰 양조회사가 되었다. 새로운 몰팅 방식으로 일정한 특성을 가진 블랙 패이턴트(Black Patent) 또는 페일(Pale)과 같은 표준화된 몰트를 얻을 수 있게 되면서 맥주의 품질도 향상되었다. 양조업자들은 수화학(water chemistry)의 중요성을 깨닫고 물을 조정하는 법을 익히기 시작했다. 양조가 과학적인 문제가 된 것이다.

세계화를 향해

맥주는 대륙을 가로질러 전 세계를 여행한다. 영국의 양조업체들은 이미 18세기에 러시아 궁정을 비롯한 발트해 시장에 맥주를 공급하고 있었으며, 그 과정에서 오늘날 알려진 임페리얼 스타우트와 발틱 포터 스타일이 탄생했다. 런던의 이스트 인디아 독(East India Dock) 양조장에서 태어난 인디아 페일 에일은 모든 영국 식민지에서 인기가 높았다.

효모와 저온살균법

마지막으로 남은 해결과제는 발효였다. 수세기 동안 양조업자들은 이 통, 저 통에서 효모를 얻었지만, 그 현상은 여전히 수수께끼로 남아 있었다. 이전의 맥주에는 사카로미세스 세레비시아(*Saccharomyces cerevisiae*) 외에 다른 생물학적 요인이 포함되어 맥주가 시어지고, 심지어 상하는 경우도 잦았다. 루이 파스퇴르(Louis Pasteur)의 연구가 효모의 성질과 수명주기를 밝혀냈고, 양조업자들은 비로소 병원균이 없는 순수한 균주를 선택하여 품질을 향상시킬 수 있게 되었다. 살균을 위해 맥주를 가열하는 저온살균법(파스퇴르 살균법)은 감염의 위험을 제거해주지만, 맛의 손실을 가져온다.

인공 냉각기

모든 공정의 기계화는 더 많은 생산량으로 이어졌다. 그리고 라거와 같이 사카로미세스 우바룸(*Saccharomyces uvarum*) 효모를 이용한 하면발효 맥주의 대량생산이 더 쉽다는 사실이 밝혀졌다. 1857년에 최초의 인공 냉각장치가 발명되기 전까지, 생산 초기에는 겨울에 1년 동안 쓸 얼음을 저장해두었다가 사용했다.

새로운 기반시설

산업 부문의 발전은 철도와 같은 새로운 사회기반시설에 바탕을 두고 있다. 1870년 프로이센 전쟁 직전, 당시에는 아직 프랑스 영토였던 알자스의 연간 맥주 생산량은 44만*hl*로, 그 중 30만*hl* 는 기차로 하루거리에 있는 파리로 보내졌다. 오늘날 우리가 알고 있는 맥주의 형태는 두 가지 발명품을 통해 완성된 것이다. 플립탑 방식의 병마개와 이후에 나온 병뚜껑의 발명으로 발포성 맥주를 개별적이고 휴대가 가능한 병에 담을 수 있게 되면서 집에서나 밖에서 맥주를 마실 수 있게 되었다.

CHAPTER
N°7

맥주와 요리

맥주가 항상 식탁에서 영광을 누리지는 못했다. 와인이 식사에 곁들이기 좋은 술로 평가받았던 반면, 맥주는 대부분 보조적인 음료로 역할이 축소되거나 때로는 저속한 주류로 취급되었다. 그러나 맥주를 아는 사람이라면 유사 또는 대조나 보완적 관계로 이루어지는 맥주와 요리의 섬세한 조화를 인정할 것이다. 게다가 맥주는 많은 요리에 식재료로도 자리매김하고 있다.

맥주와 요리의 만남

맥주는 요리와의 멋진 조합으로 식탁에서 당당히 자리잡고 있다.

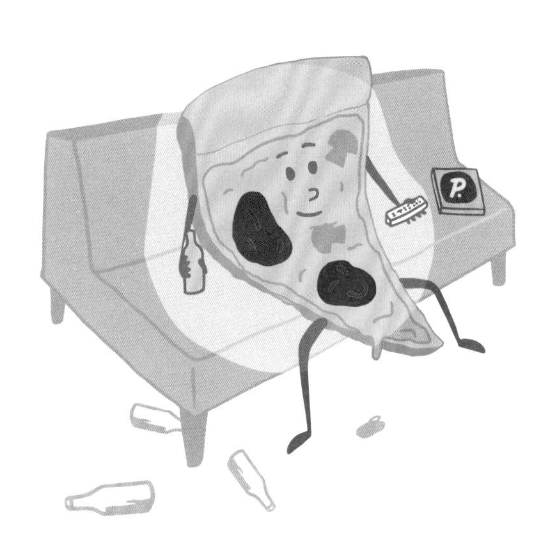

편견을 뛰어넘다

프랑스에서는 아직도 맥주 소믈리에가 맥주와 요리의 페어링을 제안하기 어렵다. 여전히 강한 와인 문화와 은연중에 맥주에 대한 무시가 남아 있기 때문이다. 전반적인 맥주 문화와 공급 부족이 문제라는 점에는 의심의 여지가 없다. 오랫동안 프랑스에서는 몰트의 풍미와 적당히 쓴맛이 있고 알코올 도수가 4.5% 정도인 가벼운 블론드 맥주, 필스너 정도를 접할 수 있었고, 많은 경우에 프레첼이나 땅콩을 안주로 곁들이는 식이었다. 독일이나 미국과 같은 나라에서는 소비자가 10여 가지 스타일의 맥주를 쉽게 접할 수 있다. 따라서 제대로 된 맥주 문화가 생겨나서 아주 자연스럽게 요리에 어떤 맥주를 곁들여야 할지 알게 된다. 오늘날 프랑스에서도 크래프트 양조장의 등장과 맥주 전문점의 네트워크, 심지어는 대형 유통업체의 실질적인 발전에 힘입어 많은 것이 변하고 있다. 대중들 역시 새로운 경험을 위한 준비가 되어 있다.

다양한 스타일과 풍미

식탁에서 맥주를 거부하는 것은 미각의 많은 부분을 스스로 포기하는 일이다. 등급에 상관없이 와인의 알코올 도수는 11~15 정도이며, 요리에 발포성 와인을 곁들이는 경우는 드물고 레드, 화이트, 로제의 3가지 타입으로 정해져 있다. 더구나 좋은 와인 한 병이 10유로 미만인 경우는 거의 없다. 알코올 도수가 0~15%로 나뉘는 맥주는 무한한 다양성을 지니고 있어서 드라이한 맛과 부드러운 맛의 뉘앙스, 쓴맛의 여러 가지 향과 풍미가 모든 종류의 요리에 어울린다. 또한 와인에서 느낄 수 있는 풍미가 생각나는 맥주도 있음을 알게 될 것이다. 스타일에 대한 지식을 넘어서, 우리의 목적은 요리와 완벽한 조화를 이루는 맥주를 찾는 것이다.

맥주와 요리 페어링의 원칙

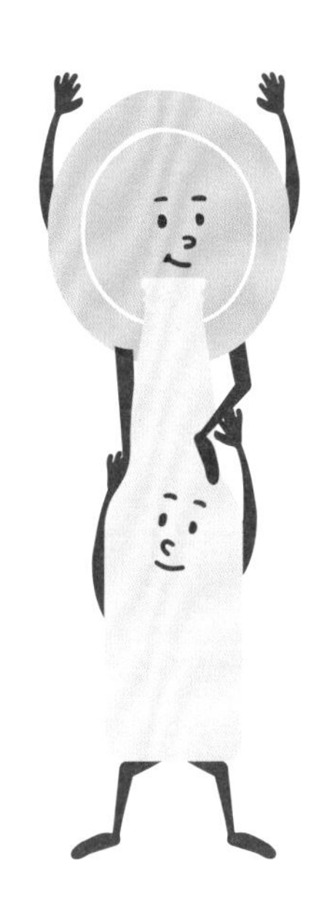

유사 페어링

이 조합은 요리와 맥주의 풍미에서 유사점을 찾아 화음을 쌓듯이 즐기는 페어링이다. 예를 들어, 브라운 에일의 강하게 볶은 몰트에서는 미디엄으로 구운 고기 맛을 연상시키는 구운 향과 캐러멜향이 난다. 마찬가지로, 상큼하고 약간의 산미가 있는 바이젠비어는 비슷한 특징을 지닌 신선한 셰브르(산양젖 치즈)와 자연스럽게 조화를 이룬다. 이러한 연상효과는 감각을 증폭시키고 둘 사이의 미묘한 맛의 차이를 강조한다. 그러나 단맛과 단맛, 쓴맛과 쓴맛처럼 기본적인 맛끼리 조합하는 것은 피한다. 너무나 비슷한 맛이기에 서로의 풍미를 해친다.

대조 페어링

이 조합은 근본적으로 다르지만 서로의 풍미를 살려주는 맛의 효과를 말한다. 중요한 것은 보완성이다. 바로 이 지점에서 우리는 요리와 맥주를 따로 먹을 때보다 더 큰 조합의 즐거움을 느낄 수 있다. 같은 관점에서 프랑스 미식가들에게 충격을 줄 수도 있는 예로 포터와 굴의 조합을 들 수 있다. 포터의 로스팅 향은 종종 커피와 초콜릿의 풍미로 드러나고, 부드러운 바디감이 볶은 커피향으로 입안을 감싸며 마무리한다. 굴을 입에 넣는 순간 신선함, 소금기, 미네랄이 생생하게 느껴진다. 포터의 맛이 요오드의 풍미와 미세한 헤이즐넛향을 증폭시켜줄 것이다.

보완 페어링

이 조합은 좀 더 섬세한 방식으로서 맥주를 향신료로 간주한다. 와인과 마늘을 관련짓기가 쉽지는 않지만, 밀맥주는 마늘의 새로운 측면을 부각시키며 조화롭게 어울린다. 초콜릿과 붉은 과일은 자연스럽게 조화를 이룬다. 망설이지 말고 초콜릿 케이크에 라즈베리맥주를 매칭해보자.

샐러드와 앙트레

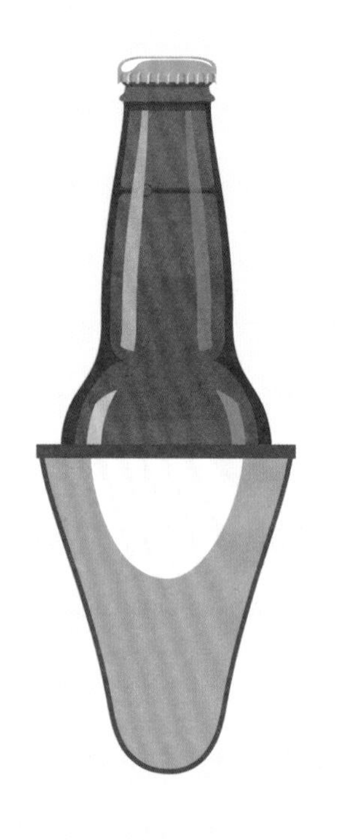

과카몰리

주요 풍미

기름진 맛, 향신료

추천 맥주

윗비어(대조, 유사 페어링)

입안에 남아 있는 과카몰리의 기름기와 향신료의 맛을 정리할 필요가 있다. 바이젠비어와 비슷한 벨기에 맥주 윗비어가 아주 잘 어울린다. 윗비어의 미세한 거품과 약간의 산미가 입을 깔끔하게 정리해준다. 한편 고수씨, 감귤류 껍질과 같은 윗비어의 매력적인 풍미가 전체적인 향을 풍부하게 만든다.

엔다이브 호두 샐러드

주요 풍미

쓴맛, 호두맛

추천 맥주

크릭 람빅(보완 페어링)

엔다이브의 쓴맛에 씁쓸한 맥주를 곁들여서는 안 된다. 너무도 비슷한 둘이 섞이면 서로의 맛을 해칠 수 있다. 호두를 곁들여 엔다이브의 신선함을 살리는 것이 좋다. 크릭 람빅의 뚜렷한 산미가 비네그레트 역할을 하고, 강한 체리향은 음식에 산뜻함을 더해줄 것이다.

주키니 플랑

주요 풍미

달걀, 크림, 채소, 허브

추천 맥주

라거(대조 페어링)

이 경우에도 역시 입안에 남아 있는 맛을 정리해야 한다. 주키니 플랑은 맛이 풍부한데, 한입 먹을 때마다 라거로 입안을 깔끔하게 '정리'할 수 있다. 드라이한 맛의 라거가 기름진 느낌은 줄여주고 허브와 주키니호박의 풍미를 끌어올린다. 맛을 완성하는 것은 몰트와 꽃의 섬세한 풍미이다.

생선과 해산물

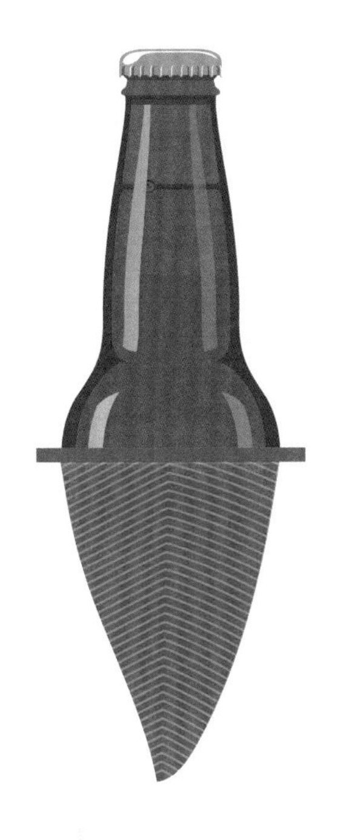

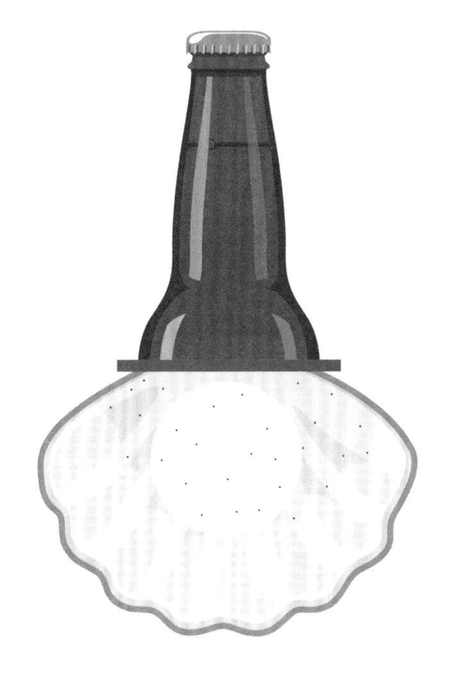

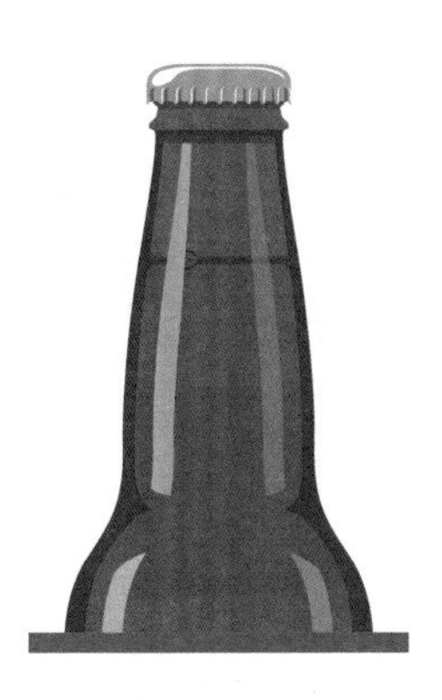

훈제연어

주요 풍미

훈제향, 기름진 맛, 감칠맛

추천 맥주

세종, 비에르 드 가르드
(대조 페어링)

연어의 기름기가 약한 산미를 가진 세종의 상쾌한 맛을 끌어올린다. 맥주 거품이 맥주의 과일향과 어우러지는 섬세한 훈제향을 강조한다.

에스플레트 고추를 뿌린 가리비관자 카르파치오

주요 풍미

감칠맛, 헤이즐넛, 고추

추천 맥주

알트비어(유사 페어링)

신선한 관자에서 느껴지는 미세한 헤이즐넛의 풍미가 알트비어의 구운 향과 잘 어울린다. 또한 입안에서 느껴지는 관자 특유의 끈적함은 맥주를 마시면 사라진다. 에스플레트 고추의 약한 과일향 터치가 지속되면서 마치 케이크에 올린 체리처럼 멋지게 마무리해준다.

흰살생선(명태) 필레

주요 풍미

신선한 맛, 흰살생선

추천 맥주

윗비어(유사, 보완 페어링)

명태나 대구 같은 몇몇 흰살생선은 맛이 너무 섬세하여 보완이 필요한 경우가 많고, 대부분의 경우에 레몬을 곁들인다. 이 전통적인 조합을 여기서도 찾아볼 수 있다. 맥주가 가진 감귤류의 산미가 생선의 맛을 보완하며, 청량함은 생선살의 맛과 어우러진다.

육 류

소갈비 바비큐

주요 풍미

고기, 다크 캐러멜

추천 맥주

포터, 스타우트(유사 페어링)

고기나 몰트를 고온으로 가열했을 때 캐러멜 풍미가 생기는 현상을 마이야르(maillard) 반응이라 한다. 이렇게 익힌 고기는 로스티드 몰트로 만든 맥주와 자연스럽게 어울린다. 또한 로스티드 몰트에서 나온 타닌은 구운 맛과 잘 어울린다. 맥주에 남아 있는 당분이 고기의 전체적인 맛을 부드럽게 만든다.

레몬을 곁들인 닭고기 꼬치구이

주요 풍미

닭, 레몬

추천 맥주

페일 에일(보완 페어링)

닭, 특히 가슴살은 붉은 육류만큼 맛이 풍부하지는 않다. 따라서 서로 보완해주는 매칭이 좋다. 홉의 향긋한 풍미를 강조해주는 페일 에일을 선택한다. 허브향이 강하든 과일향이 강하든, 맥주가 새로운 차원의 맛을 보여줄 것이다. 또한 닭고기를 재는 양념에 맥주를 미리 넣을 수도 있다.

슈크루트

주요 풍미

소금, 동물성 지방, 향신료, 신맛

추천 맥주

라우흐비어(유사 페어링)

양배추를 발효시킨 슈크루트는 맥주와 매우 잘 어울린다. 훈제몰트를 사용한 맥주인 라우흐비어는 훈제한 샤르퀴트리(소시지, 햄 등의 육류가공품)와 조화를 이루어 인상적인 맛을 선사하며, 짠맛도 줄여준다.

다양한 요리들

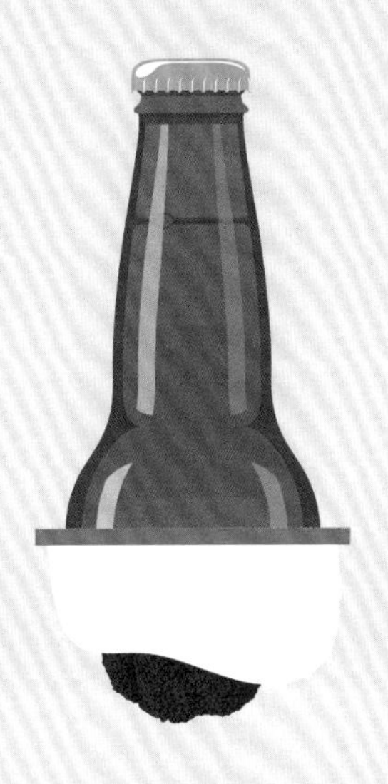

송로버섯 부라타 치즈 파스타

주요 풍미

크림, 흙냄새, 송로버섯

추천 맥주

스타우트(유사 페어링)

부라타 치즈는 파스타를 감싸는 매우 크리미한 이탈리아 치즈로, 지방이 입안을 '덮는다'. 송로버섯은 비후방후각을 통해 특히 코로 잘 느낄 수 있다. 스타우트와의 조합이 흥미로운 이유는 스타우트가 가진 초콜릿 풍미와의 보완성 때문이다. 타닌의 떫은맛은 혀의 미뢰에서 느껴지는 기름진 맛을 줄여주고, 송로버섯은 새로운 차원의 맛을 선사한다.

붉은 렌틸콩 카레(Dal)

주요 풍미

헤이즐넛, 코코넛, 향신료

추천 맥주

바이젠비어, 헤페바이젠, 윗비어
(유사 페어링)

붉은 렌틸콩 카레는 채식 요리이지만 단백질이 풍부하다. 이 요리의 모든 것은 향신료의 강도에 달려 있다. 향신료는 풍미가 강한 다른 음식과는 좀처럼 쉽게 어우러지지 않으므로 곁들이는 정도가 좋다. 밀맥주의 신선한 맛이 카레의 강한 맛을 완화시켜준다. 헤페바이젠의 경우에는 효모의 향이 흥미로운 대비를 보여준다.

초리조 피자

주요 풍미

기름진 맛, 모차렐라 치즈, 고추, 토마토

추천 맥주

더블 IPA(유사, 보완 페어링)

강한 풍미가 대립하는 것이 아니라 함께 한다면 어떨까? 고추의 매운 맛과 더블 IPA의 나뭇진향이 나는 쓴맛의 만남이 바로 그런 경우이다. 특히 피자의 토마토는 오레가노와 같은 역할을 하는 아로마 홉의 과일 맛과 조화를 이룬다.

치즈

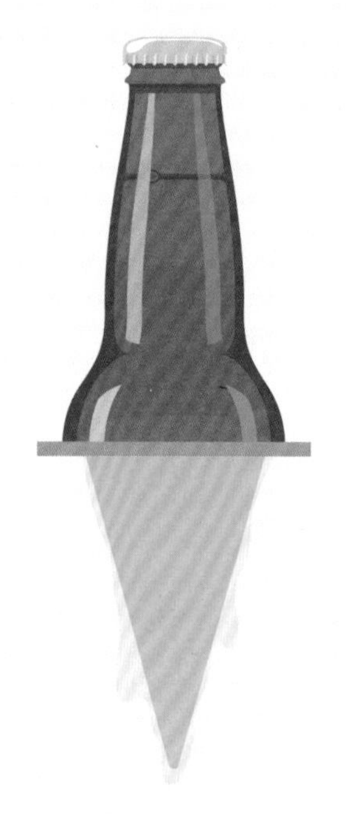

콩테(단기 숙성)

주요 풍미
과일

추천 맥주
더블(유사 페어링)

부드러움과 어울리는 맥주를 찾는다. 짧게 숙성시킨 콩테의 부드러움은 맥주의 부드러움과 훌륭하게 조화를 이룬다. 더블 맥주의 향신료 풍미가 치즈의 과일향을 돋보이게 한다.

묑스테르(장기 숙성)

주요 풍미
기름진 맛, 강한 치즈향

추천 맥주
잉글리시 IPA(대조 페어링)

묑스테르는 워시타입의 치즈로, 숙성되면서 냄새가 강해지고, 지방의 풍미와 약간 자극적인 맛이 생긴다. 여기에는 더 좋은 풍미를 이끌어낼 수 있는 강한 맛의 맥주로 대비시켜야 한다. 잉글리시 IPA가 이상적인 조합으로, 드라이한 쓴맛이 지방의 느낌을 없애주고 식물이나 과일의 아로마가 풍부한 맛을 경험하게 한다.

브리야-사바랭

주요 풍미
부드러움, 신선함, 헤이즐넛, 지방의 풍미

추천 맥주
라즈베리 람빅(보완 페어링)

이 치즈의 부드러운 맛은 맥주나 다른 음식과 함께 어울릴 수 있는 폭이 넓다. 과일향의 산미를 지닌 상큼한 라즈베리 람빅이 마치 요거트에 올린 잼 한 스푼처럼 더 많은 즐거움을 느끼게 해준다.

디저트

퐁당 오 쇼콜라

주요 풍미

초콜릿

추천 맥주

임페리얼 스타우트(유사 페어링)

풍부하고 단맛이 강한 퐁당 오 쇼콜라의 초콜릿 맛은 입안에 오래 남는다. 임페리얼 스타우트도 같은 특징을 지닌다. 이 맥주의 커피향과 훈연향이 디저트에 새로운 맛을 선사한다. 알코올 도수가 높은 점을 감안하여 '작은 맥주잔'에 서빙한다.

딸기 타르트

주요 풍미

딸기, 산미, 크림, 과일

추천 맥주

아메리칸 IPA (보완 페어링)

제철 딸기의 향은 타르트의 크림과 어우러져 후각에 선명한 자극을 준다. 이것에는 알코올 도수가 낮은 IPA를 곁들이면 좋다. 날카로운 쓴맛이 입안에 남아 있는 기름기와 타르트셸의 진한 맛을 정리해준다. 또한 쓴맛은 향신료처럼 딸기의 맛을 강조시키는데, 딸기는 홉이 지닌 감귤류와 열대과일의 향을 풍부하게 살려주는 역할을 한다.

크렘 브륄레

주요 풍미

달걀, 크림, 바닐라

추천 맥주

괴즈(대조 페어링)

맛이 진한 크렘 브륄레와 산미가 매우 강한 투박하고 거친 괴즈의 대비는 뚜렷하다. 드라이한 맛의 괴즈는 크렘 브륄레의 단맛을 완화시킨다. 동시에 바닐라 향, 또는 얇게 부서지는 캐러멜 식감 등을 강조한다.

맥주로 요리하기

대체 재료나 보충 재료, 또는 주재료로 사용하는 맥주는
요리의 맛을 크게 향상시킨다.

크레이프

반죽 1ℓ
우유 750㎖
맥주 250㎖
달걀 5개
밀가루 500g
소금 1꼬집

우유, 맥주, 달걀을 거품기로 섞는다. 강하게 휘핑하면서 밀가루를 조금씩 섞는다. 소금을 넣고 1시간 숙성시킨다.

맥주를 넣으면 크레이프가 더 가벼워지고 소화도 잘 된다. 스타일이 분명한 맥주를 고른다. 날카로운 쓴맛이 향신료처럼 단맛을 끌어올린다. 익으면서 알코올은 날아가므로 아이들이 먹어도 괜찮다.

추천 라거 크레이프

사바이옹

4인분
맥주 250㎖
달걀노른자 8개
얼음설탕 150g

맥주를 약한 불에 가열하여 알코올을 날리고 졸인다. 68°C 이하의 물로 중탕하면서 졸인 맥주에 달걀노른자를 넣고 섞는다. 거품기로 세게 휘핑하면서 얼음설탕을 조금씩 넣는다. 사바이옹이 되직해지면 완성이다.

선택한 맥주에 따라 향이 캐러멜, 커피, 초콜릿, 비스킷 등으로 달라진다.

추천 포터 사바이용

맥주 빵

빵 500g
밀가루 500g
제빵용 효모 작은 봉지 1개
맥주 300㎖
소금 크게 1꼬집

밀가루와 소금을 섞은 후, 효모와 맥주를 조금씩 넣는다. 몇 분간 반죽하고 상온에서 1시간 숙성시킨다. 다시 한 번 반죽을 치댄다. 원하는 모양을 만들고 30분 더 숙성한다. 오븐을 210°C로 예열한다. 오븐에 넣기 전에 빵 표면에 물을 바르고, 오븐에서 10~20분 동안 굽는다.

추천 알트비어 빵

맥주를 주재료로

플라망드식 카르보나드

4인분
버터 30g
양파 2개
소고기(볼살, 부챗살) 1kg
흑맥주 750㎖
당근 1개
진저 브레드 슬라이스 2조각
겨자 1작은술

양파를 얇게 썰어 버터에 볶는다. 고기를 넣어 노릇하게 익힌다. 둥글게 썬 당근과 맥주를 넣는다. 약한 불에 1~2시간 익힌다. 진저 브레드에 겨자를 바르고 고기 위에 올려 10분 더 익힌다.

이 요리는 와인 대신 흑맥주를 사용한 뵈프 부르기뇽과 같은 스튜이다.

추천 브라운 에일 카르보나드

맥주 그라니타

그라니타 1개
설탕 200g
맥주 250㎖
신선한 자몽주스 150㎖

설탕, 맥주, 주스를 섞는다. 평편한 그릇에 담아 냉동실에 넣는다. 혼합물의 표면에 생긴 얼음 조각을 조금씩 긁어가며 얼리기를 반복해 그라니타를 만든다.

이 단순하면서도 산뜻한 요리는 트루 노르망(trou normand, 식사 중간에 먹는 칼바도스나 셔벗)처럼 식사 코스 사이마다 서빙한다. 자몽 맛이 강한 점을 고려하여 자몽과 유사한 계열의 향이 강한 맥주를 선택하는 것이 좋다.

추천 IPA 그라니타

맥주 수프

4인분
양파 2개
대파 1개
맥주 330㎖
감자 4개
버터 조금

슬라이스한 양파와 대파를 버터에 볶고 맥주를 붓는다. 깍둑썰기한 감자를 넣고 필요하면 물을 더 넣는다. 약한 불에서 20분 정도 익힌다.

추천 더블 맥주 스프

마리네이드와 소스

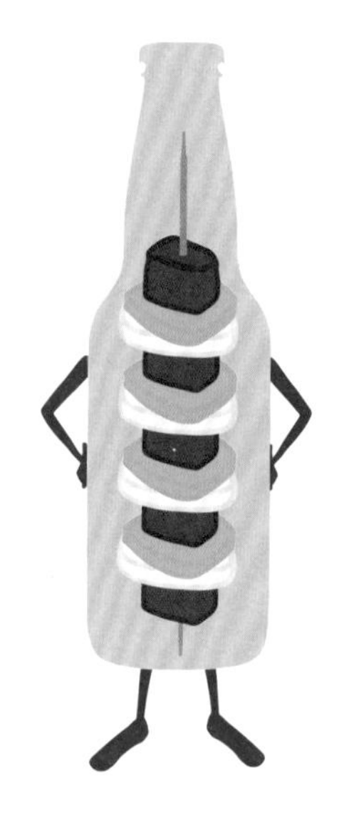

마리네이드

맥주
향신료
허브 및 향채

맥주에 향신료와 허브 및 향채를 넣고 마리네이드를 만들어 식재료를 재운다. 마리네이드가 음식에 깊이 스며들면서 그 산미가 재료를 부드럽게 만든다. 사용하는 재료에 따라 재우는 시간이 달라진다. 채소나 해산물은 30분, 가금류나 작은 조각으로 썬 돼지고기는 2시간, 붉은 육류는 그보다 오래 재운다.

추천 바이젠비어, 바질, 고추에 마리네이드한 닭고기 꼬치구이.

글레이징 소스

맥주
향신료
허브 및 향채

바디감이 풍부한 맥주에 설탕, 향신료를 섞는다. 약한 불에 가열해 걸쭉하게 졸아들면 차게 보관한다. 브러시를 이용해 준비한 소스를 고기 또는 채소에 바른다. 오븐이나 그릴에 굽는 동안 글레이징 소스는 표면에 광택을 내고, 재료에 맛과 바삭한 식감을 더한다.

추천 꿀, 겨자, 트리플 맥주 글레이즈를 바른 오리가슴살 구이.

리덕션

맥주
향신료
허브 및 향채

육수, 와인, 소스 등의 액체를 끓여서 졸인 것이 리덕션(reduction)이다. 소스 등에 맥주의 향을 농축시키는 것도 가능하다. 이때 맥주 선택에 유의해야 한다. 열을 가하면 과일과 꽃의 향은 사라지는 반면, 쓴맛과 볶은 향이 선명하게 남는다.

추천 임페리얼 스타우트 리덕션을 곁들인 소갈비 요리.

맥주를 양념으로

비네그레트

겨자 • 맥주
오일 • 소금 • 후추

비네그레트는 기본적으로 샐러드의 맛을 돋우거나 보완하는 역할이다. 신맛을 뺀 감자 콘샐러드가 어떤 맛일지 상상해보자. 이 레시피에서는 맥주가 식초를 대신한다. 만약 괴즈가 가진 젖산의 신맛을 이용하고 싶다면, 단맛이 강한 대형업체의 제품이 아닌 크래프트 양조장에서 만든 괴즈를 사용하기 바란다. IPA를 사용해 감귤류의 향을 즐겨볼 수도 있다.

추천 라즈베즈 괴즈 비네그레트.

처트니

사과 • 양파 • 생강 간 것
건포도 • 발사믹식초 • 맥주

깍둑썰기한 사과, 다진 양파, 생강, 건포도를 팬에 볶는다. 발사믹식초를 넣어 팬에 눌어붙은 재료의 즙을 풀어준 다음, 표면이 잠기게 맥주를 붓는다. 약한 불에서 되직하게 졸아들 때까지 익힌다. 차게 보관한다.

처트니(chutney)는 인도에서 유래했으며 영국을 통해 알려졌다. 새콤달콤한 맛으로 주로 고기 요리에 곁들인다.

추천 스타우트 처트니를 곁들인 돼지고기 필레미뇽.

맥주 젤리

맥주
설탕
젤라틴 또는 한천

맥주를 약한 불에 15분 정도 졸여 걸쭉하게 만든다. 설탕을 섞은 다음 젤라틴 또는 한천을 넣고 식힌다.

맥주잼이라고도 불리는 이 젤리는 설탕으로 향을 농축시킨다. 되도록 몰트나 발효과정에서 풍미가 발달한 개성이 강한 맥주를 사용한다.

추천 트리플 젤리를 곁들인 푸아그라.

세계화

20세기에는 모든 것이 가속화되었다.
맥주는 전 세계적인 대량 소비재가 되고 있다.

새로운 환경

맥주는 20세기 초에 이미 시대를 변화시켰다. 서구의 영향 아래 있던 모든 주요 도시에는 말 그대로 공장으로 바뀐 현대식 양조장이 들어섰다. 맥주는 수출되고 스타일은 모방되었다. 중국에서는 독일의 조차지였던 칭다오에서 라거 맥주를 만들고, 호주에서는 인디아 페일 에일을 만든다. 원자재 또는 완제품이 이미 바다를 건너 유통되며 시장은 역동성을 갖게 되었다. 플립탑 방식의 병마개가 등장하여 가정에서도 맥주를 마실 수 있게 되면서 전 세계적으로 맥주는 일상적인 소비재가 되었다. 냉장고가 없었고 와인의 질은 대개 좋지 못했던 이 시기에 표준화된 품질로 대량생산한 맥주는 인기를 끌만했다.

금주령

20세기 초 미국에는 영국, 독일 및 벨기에의 영향을 받은 2,000개 이상의 양조장이 있었다. 그러나 1919년 의회에서 헌법 수정안인 금주법(Volstead Act)이 채택되어 알코올 도수 0.5%를 넘는 모든 주류를 금지하면서 갑작스럽게 타격을 맞는다. 당국의 세수 감소를 가져온 금주법은 그 비효율성 때문에 1933년에 폐지되었다. 그러나 그 사이에 대부분의 양조장이 사업을 중단했으며, 미국은 자국 내 양조 자산의 많은 부분을 잃었다. 업계에서는 소수의 대규모 업체만이 살아남았고, 선택의 폭은 줄어들었다.

제한 기간

유럽에서 제2차 세계대전은 양조산업에도 영향을 미쳤다. 전쟁은 노동력과 원자재 공급 부족을 불러왔다. 파리에서 맥주 판매는 자유로웠지만, 생산이 쉽지 않았을 뿐만 아니라 양조업자들은 알코올 도수 2%를 넘는 맥주는 만들 수 없었다. 정부는 원자재와 연료의 사용을 합리적으로 관리하기 위해 '산업 집중' 조치를 취했다. 배급제가 종료되는 1948년에 이르러서야 양조업자들은 더 강한 맥주를 양조할 수 있게 되었다. 그러나 그때까지 900개에 가까운 양조장이 사라졌다.

표준화

전쟁이 끝나고 영광의 30년을 지나며 맥주 모델은 바뀌게 되었다. 독립성을 유지하기 어려웠던 소규모 양조장은 문을 닫거나 사업장을 매각 또는 합병할 수밖에 없었다. 1950년 400개가 넘었던 프랑스의 양조장 수는 1960년에는 220개, 1976년에는 23개로 감소했다. 대규모 양조장이 소규모 양조장들을 집어삼킨 것이다. 파리에서는 100년 넘게 자리를 지켰던 갈리아(Gallia), 뒤메닐(Dumesnil), 카처(Karcher) 같은 양조장이 1960년대에 문을 닫았다. 비용 최적화를 위해 양조는 대량생산을 중심으로 진행되기에 이르렀다. 이런 방식은 이익 창출에는 효과적이었지만 맛은 빈약해져갔다. 필스너가 대표적인 스타일이 되어 주도권을 잡게 되었고, 표준화된 맛은 점차 전 세계로 퍼져나갔다.

CHAPTER N°8

덧붙이는 이야기

맥주는 사람들 사이를 이어줄 뿐만 아니라, 바빌론 시대부터 지금까지 여러 시대를 이어주는 연결고리 역할을 해왔다. 때로는 뒷전으로 밀려나기도 했지만 언제나 대중문화에서 중요한 위치를 차지했으며, 맛에 대한 지식이 높아지고 취향이 발전하면서 그 중요성도 커졌다.

프랑스에서 맥주에 관한 문제점은 무엇인가?

새로운 양조업체들의 등장과 품질 향상으로
맥주는 황금기를 맞이하고 있다.

이미지 전환

첫 번째 과제는 프랑스에서 여전히 평판이 좋지 않은 맥주의 이미지를 바꾸는 것이다. 문제는, 와인은 프랑스 문화의 구성요소로 여기면서도 맥주는 그저 단순한 술일 뿐이라고 생각하는 매우 프랑스적인 생각이다. 빈약한 맥주 양조 전통과, 오랫동안 필스너에 치중해온 공급 역시 문제이다. 필스너는 충분히 훌륭한 맥주일 수 있지만, 여과와 살균 과정을 거치고 특징 없는 홉을 사용하며 고유의 진한 맛을 많이 잃어버렸다.

맛을 연구하다

1980년대에 대규모 양조업체들은 상면발효를 재도입하여 더 달콤하고 진한 과일향을 가진 맥주를 만들어 새로운 시장 개발에 나섰다. 최근에는 이제 막 술을 마시기 시작한 젊은 소비자들을 겨냥해 보드카풍 또는 과일향을 낸 가향맥주를 출시하는 추세이다. 그러나 많은 대중들은 맥주의 근본적인 맛을 잘 이해하고 있다. 이들은 쓴맛에 거부감을 느끼지 않으며, 단맛과 알코올보다는 균형과 다양성을 선호한다.

소비자 교육

맥주의 다양성을 위해서는 수도원이나 소박한 이미지를 버리고 이야기를 바꿔볼 필요가 있다. 그 과정에서 중요한 것이 바로 양조회사와 마케팅의 역할이다. 소비자는 자신이 소비하는 제품이 이해 가능하고 투명하길 바란다. 이러한 측면에서 약 20년 전 한 차례 혁명을 겪은 와인의 세계에서 영감을 얻을 수 있을 것이다. 소비자들은 명칭의 개념에 지역과 포도의 품종을 통합시켰다. 이제 맥주의 스타일과 엄청난 다양성에 접근할 수 있을 정도로 소비자들이 충분히 성숙했다는 뜻이다.

지역성을 부활시키다

와인과 달리 모든 맥주 스타일은 세계 어디에서나 양조가 가능하다. 소규모 양조장의 발달에 이어지는 다음 단계는 당연히 제품의 지역성을 개발하는 것이다. 예를 들어 짧은 유통 경로와 제품의 이력 추적을 선호하는 소비자의 의사를 반영하여 대부분 유기농으로 재배된 그 지역의 보리로 만든 몰트를 사용한다. 홉의 경우에는 새롭게 들어선 양조장들로 인해 그 수요가 크게 증가하고 있으며, 오랫동안 홉 농사를 지어온 알자스에서는 재배 면적이 더욱 넓어지고 있다. 일부 업체들은 적극적으로 지역성 개발에 동참하며 홉을 한 번도 재배하지 않았던 지역에까지 투자하고 있다.

새로운 양조장의 역량 강화

지난 10년 동안 프랑스 내 양조장의 수는 250개에서 1,000개 이상으로 늘어났는데, 대부분 직원이 거의 없는 소규모 양조장이다. 공급에 따른 수요는 충분한 상태이다. 많은 양조장들이 판매가 아니라, 생산량이 충분하지 않아 어려움을 겪고 있다. 따라서 다음 단계는 높은 수준의 품질을 유지하면서 양조장 내의 투자와 직원 채용 및 전문성 재고를 통해 생산량을 늘리는 것이다.

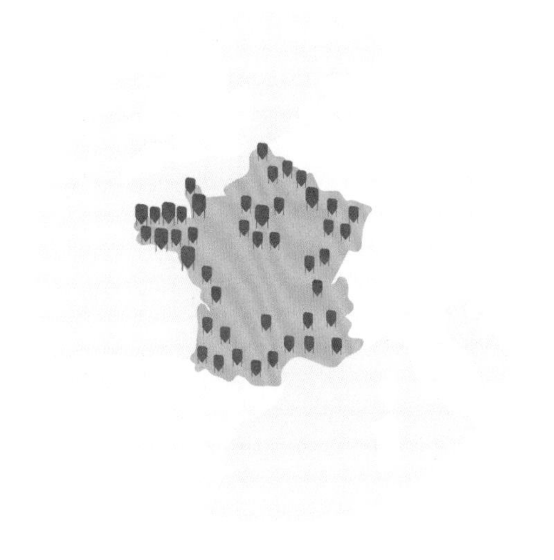

새로운 시작

신생 양조업체들은 지난 30년 동안 맛과 다양성,
그리고 옛 스타일의 재발견을 강조하며 맥주 양조의 혁신을 이끌었다.

몰락하는 업체들

슬픈 일이지만 20세기 후반에 프랑스에서는 산업집중 현상으로 인해 문을 닫는 양조장들이 하나둘 늘어났다. 현재는 알자스 지방에 몇몇 남아 있는 양조장에서 여전히 프랑스 맥주의 3/4을 생산하고 있다. 여기서 생산되는 맥주의 대부분은 그 맛이 언제나 최상급이라고 할 수는 없지만, 양조 비용이 적게 들고 대중적이며 갈증을 시원하게 해소해주는 라거이다.

리얼 에일 캠페인

1971년 영국에서 설립된 '리얼 에일 캠페인', 즉 캄라(Camra, Campaign For Real Ale)는 캐스크 맥주를 홍보하는 협회로 회원수가 18만 명에 이른다. 캐스크(cask)는 2차발효에 사용하는 통을 말하며, 이 통을 사용하여 생산한 맥주는 기존의 맥주보다 더 섬세한 맛을 자랑한다. 이 협회는 맥주 문화유산의 다양성을 강조하고, 일반인과 맥주 전문가들을 대상으로 하는 홍보 활동을 통해 포터와 같이 사라져가는 일부 맥주 스타일의 부활에 기여하고 있다. 영국의 소규모 양조장들의 유지와 창립은 캄라에 힘입은 바가 크고, 그 영향력은 국경을 넘어 확대될 것으로 보인다. 프랑스 최초의 소규모 양조장인 코레프(Coreff)는 1984년 피니스테르(Finistère)에 문을 열었다.

아메리칸 드림

미국에서 맥주의 부흥은 상면발효 맥주를 전면에 내세운 소규모 독립 양조장의 등장과 함께 1970년대 말 서부에서 시작되었다. 이 세대의 양조업자들은 소비자 운동의 논리와 맛의 표준화를 거부했다. 그들은 여전히 뿌리 깊은 유럽 전통에 대한 열정을 가지고 그 노하우의 재현과 혁신에 힘썼다.

진정한 혁명

1980년대 초에 일부 양조장은 생산성과 지속성이 높은 품종으로 개발된 캐스케이드(Cascade) 홉을 선택했다. 처음 생산된 맥주는 기분 좋고 강렬한 쓴맛과 함께 자몽향과 같은 강한 과일 풍미가 느껴졌다. 이 맥주를 어떤 스타일과 결합시켜야 할지 몰랐던 양조업자들은 사라져가던 옛 영국 스타일 맥주인 인디아 페일 에일(IPA)을 다시 불러왔으며, 최초의 제품은 샌프란시스코의 앵커 브루잉 컴퍼니(Anchor Brewing Company)에서 개발하였다. 이들의 성공을 지켜보며 소비자들이 새로운 감각에 호의적으로 반응하는 것에 놀란 다른 양조장들도 이들과 같은 길을 선택했다. 이와 동시에 다양한 품종의 홉이 시장에 등장했다. 미국의 경우에 1980년대 양조장의 수가 90개에서 300개로 늘어났으며, 2000년에는 1,500개, 2010년에는 1,800개, 2016년에는 그 수가 5,300개에 이르렀다.

눈부신 미래?

제품의 맛, 다양성, 품질에 중점을 둔 이러한 양조 혁명은 전 세계적인 경쟁을 불러일으켰다. 이 양조 혁명은 프랑스에 뒤늦게 들어왔지만, 매우 활발하게 진행되었다. 10년 동안 양조장의 수는 250개에서 1,100개로 늘어났다(2017년 7월 기준). 유행을 넘어 이러한 경향은 매우 지속적이며, 맥주의 평판은 점차 높아지고 있다.

맥주계의 위대한 이름들

이들은 세기를 넘어 맥주의 역사를 쓰고 세상을 밝힌 인물들이다.

닌카시 여신
(Ninkasi, 기원전 18세기)

'입안을 채우는 여인'. 맥주를 가장 중요한 요소의 하나로 여겼던 수메르 문명에서 맥주의 여신이다. 물을 다스리는 엔키(Enki) 신의 딸인 닌카시는 3700년 전, 점토판 위에 새겨진 두 노래를 통해 알려졌다. 이 노래에는 맥주의 양조과정이 자세히 묘사되어 있다. 닌카시에게 경의를 표하기 위해 리옹의 한 양조장은 그녀의 이름을 따오는가 하면, 앵커 브루잉 컴퍼니(Anchor Brewing Company)는 점토판에 묘사된 레시피로 제품을 만들기도 했다.

수켈로스 신
(Sucellos, 1세기)

갈리아 신화에서 목동의 신으로 번영, 추수, 계절의 변화를 관장한다. 수켈로스는 망치로 죽이고 마법의 솥으로 되살려내는데, 이는 몰트스터와 양조업자가 일하는 모습과도 닮아 있다. 다산의 여신인 난토수엘타(Nanto-suelta)와 짝을 이룬다.

대(大) 플리니우스
(Pliny The Elder, 23~79년)

1세기 로마의 작가로 수많은 저작을 남겼으나, 지금까지 유일하게 전해오는 것은 『자연사(Historia naturalis)』 하나뿐이다. 이 대백과사전은 당시의 과학과 기술에 대한 훌륭한 고증으로, 맥주와 양조에 관해서도 여러 표제어를 수록하고 있다. 또한 플리니우스는 유럽에 존재하는 다른 곡물 발효음료들도 소개했는데, 그 음료들에 대해서는 약간의 경멸을 드러내고 있다. 그에 따르면 와인만이 지극히 월등한 음료였다. 또한 플리니우스는 홉을 묘사한 최초의 작가로, 당시에는 아직 맥주에 사용되기 전이었다.

감브리누스
(Gambrinus, 16세기)

이 신화 속의 인물은 국가에 따라 플랑드르, 브라반트 또는 고대 게르만인들의 왕으로 알려져 있다. 그는 16세기의 전환기에 등장했으며, 맥주와 삶의 즐거움을 상징한다. 왕관을 쓰고 손에는 맥주잔을 들고 있는 모습으로 묘사된다. 유럽 전역에서 감브리누스라는 이름의 맥주나 식당을 많이 찾아볼 수 있으며, 프랑스 북부지역의 카니발에서 거인들이 퍼레이드를 할 때에도 꾸준히 등장한다.

힐데가르트 폰 빙엔
(Hildegarde Von Bingen, 1098~1179)

수녀이며, 문학, 음악, 언어, 의학에서 뛰어난 족적을 남겼다. 약초에 대한 그녀의 책 중 하나에는 "홉의 쓴맛은 음료의 해로운 발효를 막고 더 오래 보관할 수 있게 해준다"라고 적혀 있다. 9세기가 지난 후, 브라스리 생제르맹(Brasserie Saint-Germain)은 존경의 의미로 제품 중 하나에 그녀의 이름을 붙였다.

마이클 잭슨
(Michael Jackson, 1942~2007)

같은 이름의 팝스타보다 절대로 유명해질 수는 없겠지만, 맥주 양조의 세계에서는 매우 중요한 저술가로 맥주가 지금의 자리를 차지하기까지 많은 기여를 했다. 그는 저술활동을 통해 대부분 무미건조한 몇몇 스타일이 지배하는 대량생산 맥주의 바다에 빠져 있는 대중들에게 맥주의 다양성을 알렸으며, 소규모 독립 양조장의 가능성을 집중적으로 조명했다.

루이 파스퇴르
(Louis Pasteur, 1822~1895)

광견병 백신의 발명자일 뿐만 아니라 많은 혁신을 이루어낸 장본인이다. 살아 있는 효모의 특성을 최초로 정립했고, 알코올과 이산화탄소를 발생시키는 효모의 활동을 입증했다. 1870년 전쟁으로 이어지는 프랑스와 독일의 경쟁관계 속에서 루이 파스퇴르는 맥주 제조 공정에 대한 연구에 매진했다. 그가 개발한 파스퇴르 살균법 덕분에 감염의 염려 없이 맥주의 대량생산이 가능해졌다.

맥주와 닮은 분위기

모든 맥주에는 고유의 세계가 담겨 있다.

노래

「사랑이 우리를 갈라놓을 거야(Love Will Tear Us Apart)」
영국 밴드 조이 디비전(Joy Division)

맥주

비터

세상에서 가장 아름다운 노래일 것이 분명한 이 곡은 "사랑이 우리를 갈라놓을 거야"라는 멋진 제목과 함께 꺼져가는 사랑에 대한 절대적인 슬픔을 표현하고 있다. 그러나 이 슬픈 결론은 포기가 아니다. 처음 20초 동안은 베이스와 기타, 드럼과 키보드의 완벽한 진행이 연속되고, 이어서 보컬 이안 커티스(Ian Curtis)의 멜랑콜리한 목소리가 등장한다. 달콤함을 담은 그의 목소리는 그럼에도 사랑이 죽지 않았음을 암시하는 듯하다.
마찬가지로, 달아나고 싶은 생각에 사로잡힌 초심자에게 비터의 일격은 마치 매서운 따귀처럼 느껴질지도 모른다. 그러나 이내 몰트와 홉의 향과 함께 더 복합적이고 풍부한 본모습이 드러난다.

영화

코난 - 바바리안(Conan The Barbarian)

맥주

더블 IPA

올리버 스톤(Oliver Stone)과 공동작업한 시나리오로 존 밀리어스(John Milius)가 연출한 이 영화는 절대적인 야만인을 연기한 아놀드 슈워제네거와 거대한 배경, 과장된 연출 때문에 1980년대 폭력 영화의 클리셰라는 오해를 받고 있다.
그러나 어린 노예였던 코난은 자신의 육체적인 힘으로 살아나가는 법을 배운다. 노예에서 해방되길 꿈꾸며 살아남기 위한 그의 모험은 복수로 완성되지만, 이후 그는 그것이 해방이 아니라는 것을 깨닫는다.
어떤 관점에서 코난은 더블 IPA를 닮았다. 이 맥주는 놀랄 만큼 씁쓸한 맛과, 나뭇진과 과일의 향을 담은 잽을 날린다. 마치 온통 라거가 지배하는 권력 앞에서 외치는 선언 같다. 일상적으로 마실 맥주는 아니지만, 이따금 그 난폭함이 흥미를 돋운다.

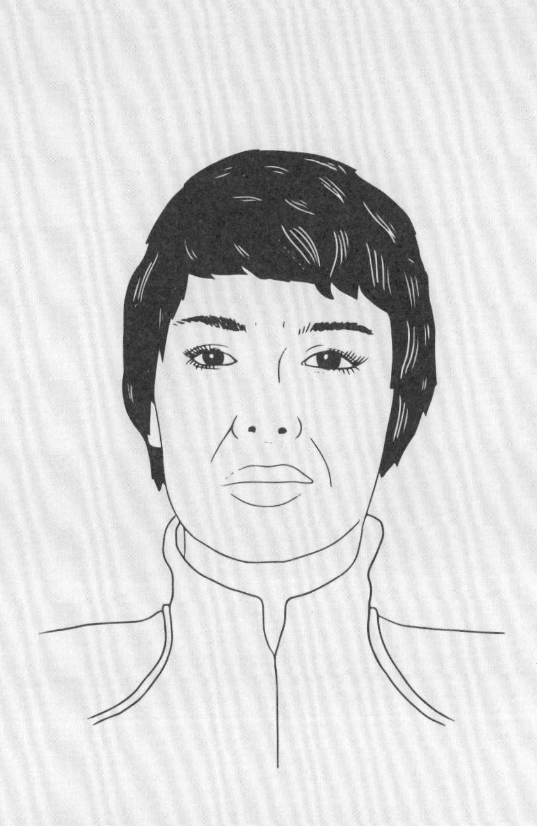

드라마 속 인물

세르세이 라니스터(Cersei Lannister)

맥주

라거

미국 드라마 〈왕좌의 게임(Game Of Thrones)〉의 여성 캐릭터로, 이전 TV시리즈에서는 보여준 적이 없는 단호하고 잔인한 모습으로 등장한다. 에피소드가 진행될 때마다 시청자는 그녀에게 노골적인 혐오를 느끼게 된다. 그러나 최근 시즌에서는 세르세이의 과거를 조명하여 그녀가 가진 가장 어두운 면을 이해할 수 있는 열쇠를 제공한다. 그럼에도 화려함을 잃지 않는 세르세이에 대해 시청자는 연민을 느끼게 된다.

라거는 그녀를 조금 닮았다. 대량생산 방식에 적용되는 하면발효는 수많이 많은 맛없고, 더 나아가 혐오스럽기까지 한 괴물들을 만들어냈다. 그럼에도 라거와 필스너가 위대한 맥주임을 부정할 수는 없다. 최근에 크래프트 양조장들은 하면발효의 재발견을 통해 라거의 섬세함과 다양성을 되살리고 있다.

건축물

사그라다 파밀리아 성당(Sagrada Familia)

맥주

람빅

젊은이들에게 성당은 그다지 가보고 싶은 곳은 아니다. 그들은 대단할 것 없는 차가운 회색벽 안에서 지루해하고 싶어하지 않는다. 그러나 사그라다 파밀리아 성당과 같은 장소는 미적 충격을 안겨준다. 자연을 모사한 이 엄청난 건축물의 소용돌이에 시선을 빼앗기지 않을 수 없다. 때때로 부조화스럽게 느껴지기까지 하는 색채는 좋은 취향의 개념에 대해 반문하게 만든다.

이 건축물은 자연발효 맥주인 괴즈나 람빅과 비슷한 구석이 있다. 동물적인 후각이나 유산균은 살균 맥주에 익숙해진 소비자들에게는 전혀 매력적인 요소가 되지 못한다. 그러나 충격이 가시면, 이 맥주들은 양조자가 오랜 시간 발효를 지켜보며 발달하도록 내버려 둔 자연의 복합성을 드러낸다.

맥주 용어

맥주 애호가라면 알아야 할 몇 가지 용어를 소개한다.

에일(Ale)
영어 용어이며, 수세기 동안 여러 가지 뜻으로 알려졌다. 오랫동안 홉을 넣은 맥주에 반대되는 개념으로 홉을 넣지 않은 세르부아즈를 의미했다. 19세기까지는 가장 일반적인 의미에서 맥주의 동의어로 쓰였다. 이후 에일은 사카로미세스 세레비시아 효모를 사용한 상면발효 맥주를 뜻하게 되었으며, 라거나 필스너 스타일의 하면발효 맥주와 구분된다.

슬러지(Sludge)
맥주 병 바닥에 침전된 죽은 효모를 말한다.

배럴 에이지드(Barrel Aged).
영어로 '오크통에서 숙성시킨'의 뜻. 나무나 통에 남아 있던 잔여 알코올의 향이 더해진 숙성 맥주이다.

배치(Batch)
양조통 또는 발효탱크의 내용물을 뜻하는 영어 용어. 양조업자는 균일한 품질의 맥주를 만들기 위해 노력하지만, 통에 따라 다른 결과물이 나오기도 한다.

전분
곡물 낟알에 에너지원으로 저장된 복합당이다. 전분은 효모에 의한 발효에 부적합하므로 먼저 효소로 분해시킬 필요가 있다. 몰팅과 매싱은 전분을 발효 가능한 당분으로 바꾸는 과정이다.

맥주전문가(자이톨로지스트)
생산, 시음, 경향, 문화 등 맥주 전반을 다루는 전문가나 지식인을 뜻한다. 자이톨로지스트(zythologist)라는 명칭은 고대 이집트 맥주를 가리키는 그리스어 지툼(zythum)에서 유래했다.

양조탱크(Cuve)
양조 과정에서 사용하는 금속 탱크를 말한다.
몰트와 물을 섞는 매시턴(mash tun), 맥아즙에 홉을 넣는
매시 케틀(mash kettle), 발효조 등이 있다.

드라이 호핑(Dry Hopping)
'생홉 첨가' 방식으로
1980년대부터 유행하기 시작했다.
발효가 끝난 맥주에 홉의 구화나
펠릿을 담근다. 맥주의 알코올이
용매 역할을 하며
홉의 에센셜 오일을 추출해내
과일향이 더욱 진해진다.

세르부아즈(Cervoise)
몰팅한 곡물과 향이 나는 식물을 사용해 만든
맥주의 조상. 방부제로서 독점적인 홉의 사용이
일반화되면서 세르부아즈는 '맥주'에
자리를 내어주게 된다.

알파산(Alpha Acid)
맥아즙을 끓이는 과정에서 홉에서
추출되는 성분. 맥주에 쓴맛을 내며
방부제 효과가 있다.

크래프트(Craft)
수공업을 뜻하는 영어 단어이다.
규제와 세제 지원을 받는 독립 양조장의 개념과는 달리,
크래프트라는 단어에 법적 효력은 없다.
대체로 산업화된 생산방식, 살균 맥주, 표준화된 맛에
반대되는 개념으로서 진한 맛과 혁신을 향한
지속적인 노력을 의미한다.

비어 긱(Beer Geek)
맥주 마니아. 삶의 방식, 여가, 라이프 패턴이
맥주를 중심으로 돌아가는 사람들이다.
이들에게 양조업자는 록스타에 버금가는
존재가 될 수도 있다.

맥주 순수령(Reinheitsgebot)
1516년 바이에른의 빌헬름 4세가 발표한 순수 맥주 칙령.
맥주의 재료를 보리 몰트, 홉, 물만으로 제한했다.
의문스러운 해석에도 불구하고(양조업자들은 오랫동안 맥주에
다른 곡물과 재료를 사용해왔다), 맥주 순수령은 현재까지
독일 양조업자들의 기준이 되고 있다.

맥주에 대한 말, 말, 말

실제 또는 가상의 영웅들, 맥주를 잘 아는 애호가들이나
그렇지 못한 사람들 모두 맥주를 예찬했다.

"자국 맥주와 국적기가 없는 나라는 존재하지 않는 것이나
다름없다. 경우에 따라, 축구팀과 핵무기도 있으면 좋다.
그러나 그중에 으뜸은 맥주이다."
프랭크 자파(Frank Zappa)
미국의 가수 겸 기타리스트(1940~1993)

"맥주는 신이 우리를 사랑하고 우리가 행복하기를
바란다는 부정할 수 없는 증거이다."
벤자민 프랭클린(Benjamin Franklin)
미국의 작가, 발명가, 정치인(1706~1790)

"여자는 맥주와 같아 바트(Bart).
보기 좋고, 좋은 향기가 나지.
그리고 하나를 얻기 위해서
심지어 엄마를 거스르기도 해."
호머 심슨(Homer Simpson)
만화 캐릭터

"귀리는 말을, 맥주는 영웅을,
황금은 신사를 만든다."
체코 속담

"나는 종부성사를 받길 원하네.
몰트와 홉의 큰 잔으로.
맥주, 맥주,
맥주가 나에게 무슨 짓을 한 걸까.
맥주, 맥주.
마치 나의 형제 같구나."
「맥주」
프랑스 록그룹 레 가르송 부셰
(Les Garçons Bouchers, 1986~1997)

"쇠고기와 맥주를 제대로 먹지 못한다면
어떤 병사도 전장에 나가 싸울 수 없다."
존 처칠(John Churchill)
영국의 군인, 정치가(1650~1722)

"제르멘, 제르멘,
자바 또는 탱고
어쨌든 같지
내가 너를 사랑한다는 건,
그리고 내가 칸테르브로이(Kanterbräu)를 사랑한다는 건."
「제르멘(Germaine)」
프랑스 가수 르노(Renaud, 1952~)

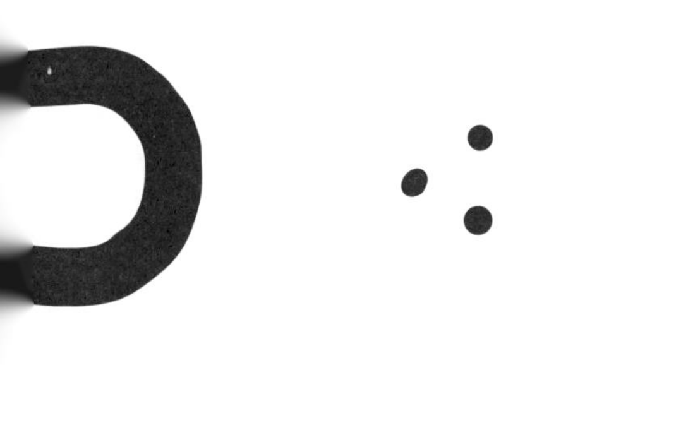

"맥주와 사냥꾼의 차이점은,
맥주에는 무알코올이 있다는 것이다."
로랑 뤼키에(Laurent Ruquier)
프랑스 PD, 진행자(1963~)

"요즘 맥주는 수동으로 열린다."
크리스토프 미오섹(Christophe Miossec)
프랑스 가수(1964~)

"맥주 1파인트(0.57 ℓ)로 왕의 식사를 한다."
윌리엄 셰익스피어(William Shakespeare)
극작가(1564~1616)

"맥주는 액체로 된 우정이다."
로니 쿠퇴르(Ronny Coutteure)
벨기에 배우(1951~2000)

INDEX

ㅂ

ㅅ

ㅇ

ㅈ

ㅊ

ㅋ

ㅌ

ㅍ

ㅎ

참고문헌

- 『The Brewmaster's Table』, Garrett Oliver (HarperCollins).
- 『Bière & alchimie』, Bertrand Hell (L'OEil d'Or).
- 『La Bière à Paris』, Emmanuel Oumamar (Éditions Sutton).
- 『How to Brew』, John Palmer (Brewers Publications).
- 『Radical Brewing』, Randy Mosher (Brewers Publications).
- 『Les Saveurs gastronomiques de la bière』,
  David Lévesque Gendron et Martin Thibault (Druide).
- 『La Fine Mousse』, le meilleur de la bière artisanale (Tana).
- 『L'Art de faire sa bière』, Guirec Aubert (Parramon).
- Beer Judge Certification Program (BJCP), www.bjcp.org
- Beer-Studies, www.beer-studies.com
- Bière à la main, www.bierealamain.fr
- Brew Your Own (BYO), www.byo.com
- Forum du brassage amateur, www.brassageamateur.com/forum
- Happy Beer Time, www.happybeertime.com
- Univers bière, www.univers-biere.net

Thanks to

기렉 오베르(Guirec Aubert)

이 멋진 책이 나올 수 있게 해준 마라부(Marabout) 출판사에 감사드린다. 에마뉘엘(Emmanuel)의 신뢰, 자르코(Zarko)와 엘렌(Hélène)의 인내, 그리고 이 책을 훌륭하게 만들어준 야니스(Yannis)에게 감사를 전한다.

맥주 양조에 관한 내 모험의 초창기부터 도움을 준 맥주 전문점 라 카브 아 뷜(La Cave À Bulles)과, 레스토랑 라 핀 무스(La Fine Mousse)에 감사드린다.

에르베 마르지우(Hervé Marziou), 가브리엘 티에리(Gabriel Thierry), 티보 슈어만스(Thibault Schuermans), 고티에 리옹(Gauthier Lion), 그리고 무엇보다 오펠리 네만(Ophélie Neiman)에게도 뜨거운 감사를 전한다.

아직 맥주를 맛볼 수 없을 뿐만 아니라 손가락도 담가보지 못하고, 겨우 향을 맡아볼 뿐인 내 아이들이 생각난다.

나의 기쁨과 피로, 열정을 함께 나누면서도 맥주는 대체로 너무 쓰다며 내 맥주만큼은 나누려 들지 않는 나의 멋진 아내에게도 특별한 감사인사를 보낸다.

야니스 바루치코스(Yannis Varoutsikos)

나를 맥주에 입문하게 해준 〈라디오 비어 풋(Radio Bière Foot)〉과 맥주의 섬세함을 이해하게 해준 기렉에게 감사드린다. 이제 나는 전 세계로 펍투어를 떠날 준비가 되었다. 건배!

Author / Illustrator

글쓴이_ 기렉 오베르(Guirec Aubert)

오랫동안 고향 브르타뉴와 알자스에서 시시한 맥주들을 마셔왔다. 저널리즘을 공부하며 맥주의 숨겨진 영역을 의심해왔던 그는 2008년 파리에 도착해 아마추어 양조의 기쁨을 발견했다. 맥주라는 주제에 매료된 그는 맛, 스타일, 다양성에 대한 탐구에 뛰어들었으며, 더 많은 사람들에게 맥주 문화를 알리기 위해 2013년 '맥주 마스터클래스(Bière Masterclass)'를 열었다. 컨퍼런스와 교육 프로그램을 진행하고 있으며, 『나만의 맥주 만들기(L'Art de faire sa bière)』의 저자이기도 하다.

www.bieremasterclass.fr

일러스트레이터_ 야니스 바루치코스(Yannis Varoutsikos)

아트 디렉터이자 일러스트레이터. Marabout에서 나온 『위스키는 어렵지 않아(Le Whisky c'est pas sorcier)』(2016, 한국어판 그린쿡 출간 2018), 『커피는 어렵지 않아(Le Café c'est pas sorcier)』(2016, 한국어판 그린쿡 출간 2017), 『와인은 어렵지 않아(Le Vin c'est pas sorcier)』(2013, 한국어판 그린쿡 출간 2015), 『Le Grand Manuel du Pâtissier』(2014), 『Le Rugby c'est pas sorcier』(2015), 『Le Grand Manuel du Cuisinier』(2015), 『Le Grand Manuel du Boulanger』(2016) 등의 그림을 그렸다.

lacourtoisiecreative.com

맥주는 어렵지 않아

펴낸이 유재영
펴낸곳 그린쿡
글쓴이 기렉 오베르
옮긴이 고은혜

기획 이화진
편집 나진이
디자인 임수미

1판 1쇄 2019년 5월 10일
1판 3쇄 2022년 6월 30일

출판등록 1987년 11월 27일 제10-149
주소 04083 서울 마포구 토정로 53(합정동)
전화 02-324-6130, 324-6131
팩스 02-324-6135

E-메일 dhsbook@hanmail.net
홈페이지 www.donghaksa.co.kr / www.green-home.co.kr
페이스북 www.facebook.com/greenhomecook
인스타그램 www.instagram.com/__greencook

ISBN 978-89-7190-677-4 13590

• 이 책은 실로 꿰맨 사철제본으로 튼튼합니다.
• 잘못된 책은 구매처에서 교환하시고, 출판사 교환이 필요할 경우에는 사유를 적어 도서와 함께 위의 주소로 보내주세요.

옮긴이_ 고은혜
이화여대 통번역대학원 한불 통역과와 파리 통번역대학원(ESIT) 한불 번역 특별과정을 졸업했다. 프랑스 정부 공인 요리부문 CAP(전문 직능 자격증)를 취득했으며, 파리 소재 미쉐린 스타 레스토랑에서 견습을 거쳤다. 프랑스어권 유명 셰프들의 내한 행사 통역 및 다수의 요리 전문서 번역을 수행하였으며, 현재 식음 전문 한불 통번역사로 활동하고 있다.

GREENCOOK은 최신 트렌드의 요리, 디저트, 브레드는 물론 세계 각국의 정통 요리를 소개합니다. 국내 저자의 특색 있는 레시피, 세계 유명 셰프의 쿡북, 전 세계의 요리 테크닉 전문서적을 출간합니다. 요리를 좋아하고, 요리를 공부하는 사람들이 늘 곁에 두고 활용하면서 실력을 키울 수 있는 제대로 된 요리책을 만들기 위해 고민하고 노력하고 있습니다.

LA BIERE
C'EST PAS SORCIER